世界上最有效的天然滋养面膜

超过 100000 人试用有效

THE WORLD'S MOST EFFECTIVE NATURAL NOURISHMENT MASK

秋彤美学院/编著

江西科学技术出版社

图书在版编目（CIP）数据

世界上最有效的天然滋养面膜 / 秋彤美学院编著. —南昌：江西科学技术出版社，2013.10

ISBN 978-7-5390-4826-0

Ⅰ. ①世… Ⅱ. ①秋… Ⅲ. ①面—美容—基本知识 Ⅳ. ①TS974.1

中国版本图书馆CIP数据核字(2013)第237439号

国际互联网(Internet)地址：http://www.jxkjcbs.com
选题序号：ZK2013075
图书代码：D13053-101

世界上最有效的天然滋养面膜　秋彤美学院 编著

责任编辑：龚琦
策划编辑：严小额
装帧设计：远行设计·樊瑶　陈珊
出版发行：江西科学技术出版社
地　　址：南昌市蓼洲街2号附1号
邮　　编：330009
电　　话：0791-86623491
传　　真：0791-86639342
邮　　购：0791-86622945　86623491
经　　销：各地新华书店
印　　刷：廊坊市兰新雅彩印有限公司
开　　本：700毫米×990毫米　1/16
印　　张：12
字　　数：200千字
版　　次：2013年11月第1版
印　　次：2013年11月第1次印刷
书　　号：ISBN 978-7-5390-4826-0
定　　价：29.80元

目录

Contents

part 1 了解你的肌肤

part 2 正视肌肤的七大问题

part 3 清　洁

part 4 滋　养

part 5 深层滋养

part 6 DIY面膜归位

前言

无论多累，坚持敷完面膜再睡觉

问问那些皮肤很好的MM，她们的日常保养项目里，绝对有敷面膜这一条。

而那些美美的明星们，哪一个不是面膜的狂热粉丝？就连美容大王大S也早就说过，自己的美肌秘密是天天敷面膜哦！

敷面膜，一定要成为爱美的你的必修课。一定要和大S一样，把敷面膜列入每天的基础保养，不敷就不安心。

这本书收录的70种自制面膜，是经过美人们的严格试用、评价之后，由达人们选出的最具有人气的面膜。用身边最常见的便利食材，在家自制经济实惠却功效突出的零负担面膜，令你容颜美丽。所以，快从本书中挑选出适合你的自制面膜吧！无论多累、每晚都坚持敷完面膜再睡觉。用不了几天，你一定会发现皮肤的明显改善。还犹豫什么呢？现在就开始吧！

Part 1

不要以为肌肤只是简单的一层皮而已，其实肌肤有着很复杂的结构，只有我们仔细了解它，才能很好地呵护它，所以，了解肌肤是美容的第一步。

掌握好皮肤的生物钟

我们每个人都有自己的生物钟，同样，每个人的皮肤也有着自己的作息时刻表，如果我们能合理地将美容保养与肌肤的自然作息时间配合起来，就可发挥它最大的功效。我通过翻阅很多书籍，再加上自己的亲身实践后，总结和归纳了最佳美容护肤时间一览表，让更多爱美的姐妹们一起来美容。

每天早上6点至7点

这个时间段，肾上腺皮质素的分泌开始加强，细胞的再生活动此时降至最低点。由于水分聚积于细胞内，淋巴循环缓慢，一些人这时会有眼皮肿胀现象，应用具有增强眼部循环、收紧眼袋效果的眼霜。

每天上午8点至12点

这个时间段，肌肤的功能处于高峰，组织的抵抗力也最强，皮脂腺的分泌最为活跃。

每天下午1点至3点

在这个时间段血压及荷尔蒙分泌逐渐降低，身体逐渐产生倦怠感，皮肤也易出现细小皱纹，肌肤对外界营养品的吸收力特别弱。这时可以小睡一会儿，让肌肤也放松一下，如果想让肌肤看起来有生气的话，可以用点紧致面膜。

每天下午4点至8点

这个时间段，机体随着微循环的增强，血液中含氧量增加，心肺功能也渐佳，这时的肌肤能充分吸收营养，是做美容的最佳时段，最适宜女性保养，当然也适合进行健身运动。

每天晚上8点至11点

此时段的皮肤抵抗力最弱，易出现过敏反应，故不太适宜做美容护肤。

每天晚上11点至次日凌晨5点

在这个时间段，细胞的生长和修复最旺盛，细胞的分裂速度要比平时快8倍左右，并且细胞对护肤品的吸收能力也特别强。所以在这个时段应使用富含营养物质的滋润晚霜，使晚霜中的营养成分能发挥至最佳效果。

正确检视自己的肤质

生病了需要对症下药，如果肌肤出现问题了，就要先了解自己的肌肤，然后进行分析，最后再“对症下药”。

只要是爱美的姐妹们，都应该对肌肤的类型有一定的了解，但大多数可能只知道怎样去辨别肌肤的类型，而对于自己的肌肤为什么会是干性，该怎样去正确护理？我想有很多人还是比较盲目的。所以现在我想教给大家一套完整、正确、简洁的分析方法，让大家更完善地去了解自己的肌肤。

干性皮肤

形成原因：皮脂腺不活跃，分泌油脂不足，使肌肤缺乏皮脂膜的保护，降低了肌肤的保水功能。

特征：肤质细腻、较薄，皮脂分泌少而均匀，没有油腻的感觉。白皙、缺少光泽，毛孔细小而不明显，并容易产生细小皱纹，毛细血管浅，易破裂，对外界刺激比较敏感，皮肤易生红斑，当天气变得干燥时，脸上常会出现脱皮的现象。

影响：看起来有点干涩、粗糙，还容易产生小细纹及斑点；不易上妆。

清洁重点：避免过度清洁，避免用刺激性强的清洁用品。

护理重点：主要是滋润，所以在选择护肤品时重点在于保湿。

中性皮肤

形成原因：皮脂分泌少，但是水分足够，不油腻却又滋润，是理想型肌肤。

特征：皮肤摸上去细腻有弹性，有均衡的油脂及水分。

影响：是比较好照料的皮肤类型。保养不当时，容易因季节或环境转变成干性肌肤。

清洁重点：尽量避免重度清洁。清洁品也要尽量选用温和不刺激的。

保养重点：营养成分平衡的护肤品就好，要做好保湿工作。

油性肌肤

形成原因：由于体内荷尔蒙的关系，造成肌肤容易出油。

特征：油性皮肤的三大特点是油光满面、毛孔粗大、易生粉刺。

影响：比较容易长青春痘；上妆后容易掉妆。

清洁重点：适当去角质，选择清洁度比较高的泡沫型洁面乳。

护理重点：避免用营养成分较高的护肤品。

混合性肌肤

形成原因：环境和心理因素导致皮脂腺分泌不平衡，使干性和油性肌肤混合在一张脸上。

特征：T字部位的皮肤会比较油；脸颊及眼周的肌肤会呈现干燥、缺水状态。

影响：属于不稳定性肌肤。

清洁重点：分区清洁，不要让清洁用品在脸上停留的时间过长。

护理重点：不同部位用不同功能的护理品。

正视肌肤的七大问题

Part 2

由于年纪的变化、身体内在原因和外在环境的因素，肌肤会出现各种问题，如果想恢复肌肤的健康状态，那么首先要正视自己肌肤出现的各种问题，找出问题缘由，再去解决，这样才能在很短的时间内使肌肤恢复到健康状态。

1 皮肤油腻

油性和混合性的肌肤特别容易出油，尤其是T字部位，大部分人都会因为面部泛油光而感到烦恼。其实只要加强日常的面部护理，再改掉不正确的生活习惯，是可以改善面部油腻的情况的。

脸部出油过多，并不完全是因为油脂分泌旺盛，也可能是因为肌肤缺水。因此，这就要注意脸部清洁与补充水分了。

每天早晚一定要仔细做清洁工作，清除毛孔中的污垢是很重要的。然后再按照正确的保养程序涂抹化妆水、保湿营养品，使脸部水油平衡，从而抑制油脂分泌，改善肌肤油腻的现象。

2 皮肤松弛

随着年龄的增长和肌肤真皮功能的下降，人体的皮肤就会逐渐失去原有的弹性和光泽，肌肤开始松弛，如果想使肌肤重新恢复活力，那么就要在平时的保养上下功夫。

经常用冷水洗脸，定期使用具有紧实肌肤功效的护理品和面膜。在涂化妆水、乳液和面霜时，用双手拍打肌肤，这样可以让肌肤更好地吸收养分，同时还能使肌肤变得紧实。

3 粉刺暗疮

油性肌肤的皮脂分泌非常旺盛，特别是T字部位，如果没有及时彻底清洁干净，加上空气污染，那么就会引起毛孔堵塞，接着就特别容易产生暗疮。这个时候若是用手接触，极有可能引发细菌感染而产生脓包。

随着年纪的增长，暗疮会出现在下巴、脖颈等部位。暗疮经过治疗后通常会残留一些印记，就是所谓的暗疮印。

对于暗疮皮肤一定要做到：仔细清洁肌肤。每周至少使用一次深层清洁面膜，尽量不要化妆。

4 皱纹、小细纹

如果经常晒太阳却没有做好防护措施的肌肤、水分不足造成干燥的肌肤、胶原蛋白减少的肌肤都容易产生皱纹。

肌肤在做清洁的时候尽量不要用太热的水，这样容易引起肌肤干燥、失去弹性而产生小细纹。要定期使用保湿面膜，使保湿因子能更好地渗透到皮肤中，以淡化小细纹。在涂抹化妆品的时候可以做些简单的按摩，放松脸部肌肤，这样也可以预防和淡化皱纹。平时可以多吃点富含胶原蛋白的食物。

5 皮肤暗沉

经常熬夜的人会因为长期睡眠不足而影响血液循环，时间一长，肌肤自然就变得暗沉。还有一种情况，有一些喜欢化妆的女性朋友在卸妆或者是在清洁的时候不够彻底，化妆品中的化学成分残留在皮肤上，一积累，皮肤自然就不好了。在肌肤水分不足的时候也会使肌肤失去润泽，看上去暗哑，没有光泽。

如果想促进血液循环，可以经常做足疗。如果想让肌肤看起来有光泽，那么可以每个月进行1到2次的去角质，这样可以去除肌肤老化的角质，使肌肤能更好地吸收营养成分，同时也要使用保湿效果好的护肤产品，及时给肌肤补充水分，这样才能让肌肤在任何时候都是润润的。

6 色斑肌肤

如果没有做任何防护措施的皮肤在阳光下长时间照射，就会使皮肤的黑色素沉淀；如果体内的新陈代谢进行得不好，部分沉淀的黑色素就会滞留在皮肤上，最后形成各种色斑；如果内分泌失调或者化妆品使用不当，同样也会导致皮肤出现色斑。

皮肤天生白皙或者晒后容易变红的人在被紫外线照射后，一般比其他人更容易出现色斑。

因此，无论是什么肌肤，在外出前一定要做好防晒措施，特别注意加强经期的防晒。还有就是要养成有规律的生活习惯，每周可以使用一次祛斑面膜，平时也可以食用一些含有丰富维生素C的食物。

7 毛孔粗大

毛孔能分泌汗水与皮脂来维持肌肤的润泽，使肌肤的纹理细致、清晰。但是由于外界的各种原因，比如紫外线、干燥的空气等都会令肌肤干燥、老化。肌肤没有弹性后就会引发毛孔扩张，变得粗大。还有就是油性肌肤的毛孔比其他类型肌肤的人要显得粗糙。

平时可以使用吸油面纸吸走多余的油脂，以避免毛孔阻塞。每天的清洁也很重要，要彻底清洁毛孔中的污垢和杂质，可以蒸脸，但是记住不要用手挤，以防造成毛孔更加粗大。

影响肌肤的因素

朋友们都会问我“你的皮肤为什么这么好啊？”“你都是怎样护理的？”

其实大家忽略了一个问题，那就是：到底是什么因素影响了我们的肌肤？我们又该怎样去做预防？因为只有做好了预防，以后才没有必要那么辛苦地去寻找各种护理方法。

睡眠是美丽肌肤的前提

对于肌肤来说，充足的睡眠就是肌肤的生命！

大多数的粗糙肌肤都是由睡眠不足引起的，而这样的影响却是慢性化的，所以才会让很多女性朋友没有太注意。

对于皮肤的保养，很多女性都只会停留在用什么样的护肤品和吃什么样的营养素上，其实能睡个好觉比做一次肌肤护理更重要。

一般通宵工作后的身体在第二天都会感觉非常的疲倦，有的人还会头疼。但是如果一个人一整天没有做肌肤护理或者是没有摄取特别的营养素的话，也不会因此而感到身体不舒服。虽然营养平衡很重要，但是不会像睡眠不足那样立刻体现在身体或者肌肤上。

皮肤的新陈代谢大约是4周，而皮肤细胞却只会在睡眠期间再生，在人清醒活动的时候肌肤是不会产生细胞分裂的，所以才说睡眠就是肌肤的生命。

如果想要有个完美的肌肤，那么请记住，即使没有时间做特殊的肌肤护理或者是补充营养素，也一定要保证有个充足的睡眠。

每天至少保证6个小时的睡眠

一个人每天必需的睡眠时间因人而异，但是为了保护皮肤，最少也要保证6个小时的睡眠，因为肌肤细胞的再生过程需要这么长的时间。

睡眠一般可分为两种：浅睡眠和深睡眠。

浅睡眠一般持续几分钟后就会进入到深睡眠，大约一个半小时为一个周期，一个晚上会重复几个周期。

在最开始的两个周期内，睡眠会比较深，细胞的生长激素也会在这个周期分泌，这个时段的肌肤细胞会加速再生。所以入睡后的3个小时内的睡眠是非常重要的。

当然睡眠的质量也是非常重要的。现代人的压力越来越大，失眠的人也越来越多，有时候入睡就会比较困难、半夜也容易醒等。这样的情况皮肤是不会得到营养的，尤其是长时间使用电脑工作的人，虽然大脑很紧张，但是身体却不累，因此更容易失眠，皮肤往往不会理想。

注意生活小细节，解决保养大问题

工作中如果注意小细节，那么就能将工作做好；如果在生活中多注意小细节，那么就能拥有美丽肌肤。

1.养成每天运动的好习惯

运动可以促进肠胃蠕动，可以加速体内的新陈代谢。皮肤是人体排毒的通道之一，皮肤排汗亦可减少废物和有毒物质在体内停留的时间，使肌肤可以更通畅。

在每次运动前可以喝点盐水，这样可以增加运动时的出汗量。适合女性朋友的运动有：跑步、游泳、瑜伽、骑单车等，这些都是很好的简单运动方式。

2.多吃一些可以改善便秘的食品

便秘是女人美丽容颜的杀手之一，它会让脸色变得暗哑，没有光泽，还会导致青春痘、粉刺等肌肤问题。所以，想要保持肌肤健康又美丽，必须远离便秘。平时多吃一些富含乳酸菌及膳食纤维的食物都会有很好的润肠作用，这些也是预防和改善便秘的理想食品。

乳酸菌可以分解食物养分，保持肠胃正常细菌生态，预防便秘和提高身体免疫力，还能抵抗衰老和预防各种慢性病。

乳酸菌食品主要是乳酸菌饮料和酸奶。

膳食纤维能促进肠道蠕动，帮助身体排除宿便，防止因毒素堆积而影响身体健康。

薏仁、燕麦等谷类食物都是富含大量膳食纤维的食品，可以经常食用。

3. 饮食尽量清淡

如果人体过多地摄入动物性脂肪，会增加体内脂肪的囤积而造成肥胖。严重的是，体内脂肪过多会逐渐显现在肌肤表层，促进肌肤表面的油脂分泌，使人看着油光满面，出现毛孔粗大、青春痘、粉刺等问题。所以清淡的饮食可以避免肌肤出现问题。

4. 避免食用含有防腐剂和食品添加剂的食物

在生活中有很多食品为了防止腐败、变质而添加了防腐剂，如果酱、果汁等；而进口的水果往往也会喷洒或浸泡防霉剂；平时生活中经常吃到的银耳、莲子及水果干类也是经过了漂白处理的。所以，生活中到处都有我们应该注意的饮食问题。

过量的食品添加剂和防腐剂，会对身体造成很大的影响，如：皮肤长红斑、腹泻、循环系统障碍等。若长期食用含有过量化学剂的食物，还会破坏我们神经系统的正常运作，扰乱体内的激素分泌，严重的还会引发癌症。

所以我们一定要避免食用这类食品，多食用一些天然、无添加剂的食品。

5. 避免抽烟、酗酒

抽烟、酗酒都会危害到我们的肌肤。长期抽烟、酗酒会破坏肌肤的水油平衡，使肌肤变得干燥和粗糙，肌肤的毛孔也会日益变大。如果饮用酒精浓度较高的酒，还会引起皮肤过敏现象。所以提醒爱美的女性朋友们，想要有美丽的肌肤，一定要及早戒掉烟和酒。

6. 做好肌肤的去角质环节

给肌肤去除老化的角质，就能促进肌肤的新陈代谢，让肌肤有效地吸收养分。

市场上大多数去角质的产品都是属于搓除法，这样的效果较强；但是到了干燥的秋冬季，就要避免用此类产品了，应该用一些比较温和的，能更新肌肤、促进肌肤老化角质自然脱落的去角质产品。这样在避免肌肤受到伤害的同时，还可以达到活化肌肤的功效。也可以为肌肤提供保湿因子，让肌肤在干燥的季节，及时去角质，并保持原有的滋润。

7. 做好肌肤的保湿护理

肌肤的粗糙不是因为油脂不足，而是因为肌肤缺乏水分。这时最重要的是为肌肤补充水分，来维持水分与油脂的平衡，使肌肤保持健康状态。

在保养品中，除了选择具有保湿成分的保养品外，面膜是最直接、最快速的补水方法了。它的作用就是在短时间内制造一个密封的环境，使肌肤与外界暂时隔离，使水分更有效地深入肌肤，给肌肤提供好的护理功效。

眼部肌肤是最为脆弱的部位，因为此处的油脂分泌较少，老化得最快，所以要做好眼部的保湿滋润工作，以延缓眼部肌肤的衰老。

8. 使用抗氧化产品预防肌肤衰老

如果肌肤长期处于缺水状态，就容易产生小细纹，因此抗老化也是肌肤护理的一个重点。建议使用多酚类抗氧化产品，富含胶原蛋白、维生素E等的产品，这些都可以防止肌肤的胶原蛋白流失，有效预防肌肤过早出现小细纹。

9. 避免不良的小习惯

脸部的肌肤是很脆弱的，尤其是眼睛周围的肌肤，平时生活中的一些习惯性小动作都会给肌肤造成刺激，比如：眯着眼睛看东西、躺着看书、用手揉眼睛等，这些平时不太注意的动作很容易导致肌肤出现皱纹。因此，除了避免这些小动作以外可以适当地放松一下表情肌，笑的时候不要太夸张、不要皱眉头，或是一直保持着一种表情。

10. 脸部按摩放松

脸部血液循环的快慢会影响面部肌肤。脸部血液循环变慢，肌肤就容易出现暗哑、粗糙等问题。可以定期使用一些富含丰富植物精华与保湿成分的按摩霜来按摩脸部肌肤，促进血液循环，使肌肤变得柔软光滑。

当然，不同肌肤按摩的时间也是不一样的：中、干性肌肤每周按摩5次，每次10分钟左右；混合性肌肤每周按摩3次，每次5分钟左右；油性肌肤每周按摩2次，每次5分钟以内；敏感性肌肤每周按摩1次，每次不超过2分钟，或者不按摩。

11. 泡澡有益处

泡澡对身体和肌肤都会有很大的益处。它能帮助身体排出毒素，能缓解压力、放松精神，还能起到瘦身的效果。

在泡澡时，热水会使体温升高，使体内的血管扩张，从而促进血液循环，令肤色红润。同时身体还会大量排汗，使堵塞在毛孔中的老化角质和污垢软化、脱落，使肌肤变得柔嫩、细滑。热水促进体内的新陈代谢，有助于身体热量的消耗，如果搭配适度的按摩，还能达到瘦身的效果。

12. 保持愉悦的心情

心情总是很沉闷的人，爱愁眉苦脸，而这些表情都很容易使脸部产生皱纹。另外，压抑、愤怒、忧伤、焦虑等负面情绪如果长期积累，不但会破坏体内的免疫系统，还会使内分泌紊乱，让人看起来憔悴。所以平时一定要让自己乐观开朗，这样才能让肌肤富有光泽和弹性，永远健康。

Part 3

“清洁是最重要的一步”这已经是家喻户晓的提示了，但是该怎样去做好这重要的一步，估计还有很多朋友是盲目的。下面我们会告诉朋友们一些在清洁中特别需要注意的问题，让大家能做到真正的清洁。

如何正确选用清洁品

经过长时间的美容经验累积后，我发现美容最基础和最重要的一点就是给皮肤做好清洁。如果没有让肌肤轻轻爽爽地工作的话，那么后面再多的努力也是没有多大效果的。当然在清洁过程中用到的清洁用品会起到主要作用。那么多的清洁用品，什么样的才是适合自己的呢？听我慢慢讲。

众多的清洁用品难免让我们无从选择，其实选购适合自己的并不困难，只要了解产品中的成分及各自的功能，就容易多了。

脸部清洁用品的基本成分大致可以分为“皂性”配方和“非皂性”配方。

其中皂性的成分越强，它的清洁度就越高，所以这类产品会比较适合油性肌肤使用；相反，非皂性配方的清洁品就比较温和，所以适合干性和中性肌肤使用。

我做了一个两种配方清洁品的比较，让大家能更容易了解。

含皂性配方的清洁品

制作方式：经由皂化反应形成。

pH值：较高，介于9~10之间。

优点：清洁度高，洗完后感到清爽。

缺点：对肌肤有一定的伤害，容易将肌肤角质层的水分一同带走；洗完脸后容易产生紧绷感。

适合肤质：油性肌肤。

不含皂性配方的清洁品

制作方式：由多种界面活性剂混合而成。

pH值：介于5.5~7之间。

优点：比较温和，不会对皮肤造成伤害；可以对不同肤质的人设计适合的产品。

缺点：清洁度不够高。

适合肤质：混合性和中干性肌肤。

如何正确洗脸

冷水好还是热水好

我在论坛上经常看见姐妹们在争论洗脸是用冷水好，还是热水好？其实要两者相结合才是最好的。

很多人习惯在洗澡的时候就顺便把脸洗了，图的是方便。其实这样是不对的，因为过高的水温会破坏皮肤的天然皮脂，使肌肤失去本身的保水功能，容易使肌肤干燥、老化。所以想通过热水将毛孔打开的话，一定要掌握好水温。

如果洗脸水温太低的话，虽然具有紧肤的效果，但是会过度刺激肌肤，让肌肤的毛孔不易打开，无法起到清洁的作用。

因此，对于不同肌肤也要掌握好不同水温洗脸。通常中干性肌肤用温水；而油性肌肤，为了避免脸部肌肤的微血管因温度扩张产生发炎现象，我建议使用冷水洗脸。

如何卸妆

同事们都很羡慕我的肌肤，经常会跟我讨教一些小细节，前两天我们就说到卸妆这个问题。

我平时生活中只会涂点隔离霜或者是淡淡的粉底，所以每晚清洁前我都会记住卸妆这一步骤。但是，我并不将卸妆这一步作为必需的，我会根据当天的情况而定。

而有个同事就跟我说，她每天的卸妆油是必不可少的，即使她没有化妆也会坚持使用卸妆油。当时我就告诉她，这样做是不对的，除非是上了妆，或者是使用了防晒霜之类的才需要卸妆油，一般是不需要这种强度的清洁，这样容易伤害皮肤。

粉底和彩妆本身含有油脂，对肌肤具有相当的附着性，必须通过卸妆油才能溶解彩妆。如果常常忽略了卸妆的话，容易让油脂、污垢堵塞毛孔，引起各种皮肤状况。

所以，姐妹们，千万不要偷懒，化妆的那一天一定要记得卸妆，别忘了卸妆后还要做好后面的清洁工作，这样才能让肌肤很好地呼吸。

在使用卸妆油产品时要注意，因为有些产品中会添加容易导致粉刺、青春痘的油脂，或者是这些油脂不容易清洗干净，如果长期堆积在脸上阻塞毛孔，就会引起青春痘。其中人工合成酯最容易引起肌肤状况。

使用人工合成酯的卸妆油

A　适合使用者：

过了长痘年纪的

干性肌肤，习惯化浓妆的

B　局部适用者（眼部、唇部卸妆）：

敏感性肌肤

油性肌肤

C　不适合使用者：

粉刺、青春痘患者

毛孔粗大者

如何正确去角质

皮肤最表面是角质层，它的作用是保护肌肤免受外界环境的刺激与伤害；但是随着年龄的增长，新陈代谢变慢，角质层会不易脱落，皮肤变得粗糙、干燥、暗沉发黄、没有光泽、毛孔粗大、肤色不均匀。去角质在皮肤保养中也起到不小的作用，因为通过去角质，可以促进肌肤对保养品的吸收。

1. 给脸部去角质的时候一定要在清洁完脸部、肌肤还保有水分、比较滋润的时候进行。

2. 将去角质产品均匀涂于需要去角质的位置，不要涂得太厚，停留大概1~2分钟的时间后，用食指和中指轻轻掰开肌肤，用另一只手的无名指和中指指腹采用画小圆的方式慢慢往上推滑，力度一定要轻柔。

3. 去完角质后再用清水将肌肤清洗干净，最后涂上保养品。根据自己的肌肤去选用不同的产品，在使用中一定要按照产品的介绍方法去使用，以免造成对肌肤的伤害。

4. 脸部去完角质后一定要做保养工作，包括保湿与隔离；若是敏感性肌肤，则建议在保湿之前先使用能帮助舒缓的保养品。

敏感性肌肤需不需要去角质?

我身边的很多朋友都属于敏感性肌肤，有时候她们总会咨询我一些关于敏感肌肤该怎样保养的问题，比如，敏感性肌肤该怎样选择洁面乳？该怎样做按摩？该怎样去注意生活中的小细节？还有就是现在要提到的：敏感性肌肤需不需要去角质？

敏感性肌肤人的脸部皮肤是很薄的，皮肤的生理机能和保水功能也比较弱，因此这种皮肤经常处于不稳定状态，常会因为季节变化、外在环境或一些特殊物质的影响而变化。

敏感的肌肤只要遇到外界的一点点刺激马上就会有泛红、瘙痒、紧绷，甚至脱皮的现象产生，这样的肌肤非常脆弱，但是这样的肌肤大多数是后天造成的，比如，生活中的压力所引起的熬夜、失眠，或是长期处在空气污染的环境中；经常过度清洁和使用劣质化妆品都会造成肌肤的损伤，长期积累下来，肌肤就慢慢变得敏感。

敏感性肌肤最好不要去角质，因为肌肤表皮层很薄，水脂膜屏障功能受损的皮肤，特别容易受外界侵害而引发刺激、过敏。如果很想去角质，那就选用含果酸、水杨酸、A酸等酸醇类成分的保养品，因为这样不仅能去除老化的角质，还能让暗沉的肌肤恢复原有的光泽。但是这类成分含量越高的保养品刺激就会越大，所以要从含量低的开始用，避免造成对肌肤的伤害。

Part 4

在给肌肤做完清洁后就要赶快搽上滋润液，这时，肌肤就能在锁住水分的同时再得到进一步的滋养，肌肤想干燥都难了。

巧用化妆水滋养肌肤

一般的皮肤护理大家都知道了，但是要怎样巧用这些护理品才能更好更实用地用在自己的皮肤上呢，接下来我就给大家介绍怎样巧用化妆水来滋润肌肤。

化妆水有很多功效。我们在选择化妆水的时候，需要针对自己肌肤的特点来决定。同时，化妆水也有很多使用方法，不仅可以爽肤，还可以做面膜、二次清洁等。

需要注意的一些小细节

1. 洗完脸后一定要用比较柔软的毛巾将肌肤擦干，记住不要让它自己风干，然后再使用化妆水进行护理。

2. 油性皮肤的人可以使用紧肤水，这样皮肤会有一种清爽感，那是因为收敛型化妆水中含有分解皮脂的成分，能暂时抑制油脂分泌。但是最好只在T字部位使用这类化妆水，干燥部位应尽量避免。所以喜欢化妆的姐妹可以在化妆前使用收敛化妆水，还可使彩妆更持久。对于平时不化妆的姐妹，在感到T字部位比较油的时候，可用收敛化妆水抑制。

如何巧用化妆水

单纯做化妆水

洁面后倒适量化妆水在化妆棉或手心上，用拍打的方式促进肌肤更好地吸收。

二次清洁

用化妆棉蘸取化妆水，在脸上轻轻擦拭，这样还可以带走未清洁干净的油脂和灰尘，起到二次清洁的作用。

敷脸

用化妆水浸湿压缩膜后敷在面部5~15分钟。美白化妆水、美容液等都特别适合敷脸，这样可以更直接、更有效地使肌肤得到滋养。

保湿喷雾

把化妆水灌装到喷雾瓶子里，觉得脸上干燥的时候就可以喷喷，比较方便。

DIY面膜原料

在做面膜的时候可以当作水来稀释其他材料，这样的话在面膜原有功效上还添加了化妆水的美容功效，起到双重美肤的作用。

各类肤质的保养方法

每个人的肤质都是不同的，所以在选择保养方法时也要选择适合自己的，只有选对了方法才能真正地改善肌肤。

干性肌肤

保养重点：

做好补水补油的同时更要做好如何能锁住水分不让流失。

保养方法：

不能只做肌肤表面的补水工作，应该在肌肤补充水分后搽上乳液或乳霜，锁住水分最重要。

中性肌肤

保养重点：

只需做好基础保养就能延长肌肤的最佳状态。

保养方法：

选用稍微滋养的产品，冬天可使用乳霜类产品。

混合性肌肤

保养重点：

要分区保养，才能减轻油腻肌肤和改善干燥现象。

保养方法：

夏天针对T字出油部位选择清爽型保养品，两颊选择滋润的乳液。

冬天的时候肌肤都会比较干燥，所以需要选择更滋润保湿的保养品。

油性肌肤

保养重点：

加强水分的补充，防止肌肤因缺水而分泌油脂。

保养方法：

产品尽量选用清爽型的，也可适当使用化妆水喷雾保湿。

避免选用营养成分过高的护肤品。

Part 5 深层滋养

大家都在说面膜是肌肤最直接的“补品”，可以提供肌肤基础护理品所提供不了的能量，在短时间内激发肌肤的最大活力。所以我们需要时不时给肌肤来点深层滋养，让肌肤保持健康状态。

怎样敷面膜有讲究

1. 面膜天天都要敷吗?

面膜是护肤品中效果最好的，但如果没有特别情况，是不能天天用的。有好多面膜都会有明确标示的周期，所以一定要按照说明上的内容来做。否则就像吃大餐一样，吃得太多也会觉得撑。

2. 边泡澡边做面膜

我自己就很喜欢一边泡澡一边敷面膜，因为这样很能为自己节省时间，但是在选择面膜上也是有要求的。撕拉式与果冻式面膜都不适合，因为水汽会导致面膜不容易与肌肤密合。最好使用湿敷型的面膜。

3. 注意敷面膜时间

敷面膜也要注意时间长短问题，敷面膜的时间“超支”，反而会导致肌肤失水、失养分。面膜中的水分含量适中，大约15分钟后就卸掉，以免造成面膜干后从肌肤中吸收水分;如果水分含量高，可以多用一会儿，但最多30分钟就要卸掉。一定不要“太贪”哦!

4. 做面膜前去角质

在做面膜前保持肌肤的清洁是很有必要的，但并不是要求每次都去角质。因为皮肤的角质层是皮肤天然的屏障，可以防止肌肤水分流失、中和酸碱度等。角质层的代谢周期一般为28天，因此一个月去一次角质就可以，过于频繁地去角质，反而会损伤角质层。

5. 油性肌肤的面膜调整

在干燥季节，皮肤一样会缺水出现又油又干的情形，这个时候需要做一些调整：可以在一星期中选一天做控油和保湿面膜，隔一星期做深层清洁和保湿面膜。

6. 合理使用眼膜

眼部肌肤的厚度只是面部正常肌肤的1/4，所以在平时的护理中，眼部需要特别呵护。面膜中，特别是清洁滋润类的面膜，里面的成分对眼部薄弱的肌肤会造成刺激，所以在使用面膜的时候注意避开眼周使用。若想加强护理眼部的肌肤，眼膜的使用是有必要的。特别是在眼部缺水、缺乏营养的情况下与面部一同进行保养，效果比较理想。

眼膜有必要坚持使用，每周至少两次，跟眼霜配合，就能达到最佳的护眼效果。

7. 面膜需要敷厚厚的一层吗？

将面膜厚厚地敷在脸部时，肌肤温度上升，可以促进面部的血液循环，使渗入的养分在细胞间更好地扩散开来。肌肤表面那些无法蒸发的水分就可以留在表皮层，让皮肤光滑紧绷。面膜虽然可以厚，但是一定要涂得均匀。

巧选面膜纸

市场上有很多种面膜，有撕拉的、片状的、膏状的；有需要清洗的、不用清洗的等，让我看得眼花缭乱，柜台小姐的推荐也让我无从选择，似乎每一款都适合我，又感觉每一款都不适合我。最后我决定自己制作天然面膜，既经济又实惠，主要是美容效果也不错。

DIY面膜中，会经常用到面膜纸，那么我们要怎样去选购好的面膜纸呢？我现在就教给大家用什么样的面膜纸比较好。

面膜纸的质地有很多种，有些是百分百纯棉制成，有些含有涤纶化纤成分，还有些是利用废旧无纺布制成。那么如何判断面膜纸的成分是不是百分百纯棉的呢？现在我来带大家学习巧妙地选择面膜纸！

百分百纯棉的面膜纸看上去是有种纯厚感；而含涤纶成分的虽然处理过，但会有亮亮的感觉。

百分百纯棉的面膜纸易撕拉，且撕拉后的纤维条较短，含涤纶化纤成分的不易拉断，且撕拉后的纤维条较长。

怎样选择适合自己的DIY面膜

总是有朋友问我：“为什么你使用自制面膜能敷出美丽健康的肌肤，而我得到的效果却不尽如人意呢？”

那是因为再天然的东西也是由多种不同的化学成分组成的，都会存在其潜在的副作用，所以每个人在使用前必须针对自己的肤质进行斟酌，用之不当反而会令皮肤更糟糕。

现在我来告诉大家应该如何选择自制面膜。

1. 根据肤质选择面膜类型

干燥的皮肤应该多选择保湿及滋润和营养皮肤的面膜，而油性皮肤可以多选择清洁和营养面膜。

由于撕剥面膜的使用过程需要等到面膜干燥才能完成，所以成分中不能添加保湿剂，这对干性皮肤不太适合，另外对敏感性肌肤也不适用。泥膏型面膜虽然清洁效果很好，但因产品内含有较高的防腐剂，并且成分中矿物质的含量较多，所以敏感性的肌肤应该谨慎使用。乳霜型保养面膜的效果更接近晚霜，比较适合敏感性肌肤涂抹，凝胶型面膜的薄厚有讲究，不能是薄薄的一层，一定要有一定的厚度，盖住毛孔，这样面膜的成分才能更好地发挥作用。

2. 根据肤质选择面膜成分

面膜的美肤效果好，但不同特性面膜适应肤质不同，所以应该谨慎选择。

皮肤的类型分为：油性皮肤、干性皮肤、中性皮肤、敏感性皮肤和混合性皮肤（前额、鼻部、及下颌即面部T形区呈多脂性，而两颊、眼周呈干燥性表现），大多数女性属此类皮肤。比如香蕉泥适用于干性皮肤；苹果、黄瓜或番茄面膜具有敛聚作用，可以用于多脂性皮肤；蜂蜜有滋润和收敛皮肤的作用，对防止皮肤早衰有益；蛋白面膜具有除垢、去皱、抗衰老作用，适用于各种类型皮肤的保养。

3. 根据皮肤状况及季节气候的变化调节

自制面膜的成分和类型要根据自己的皮肤状况以及季节气候的变化不断地调节。比如，夏季因为汗腺和皮脂腺分泌活跃可以多用一些清洁和收敛作用的面膜，比如黄瓜面膜；冬季皮肤干燥多用保湿和营养皮肤的面膜，比如牛奶、蛋清和香蕉面膜等。每个人在不同的年龄阶段，皮肤的各种功能和状态也是不一样的，面膜的选择也不能一概而论。例如成熟肌肤应该选择具有抗皱、紧实的面膜，比如蜂蜜和蛋清等。

4. 不能过度

自制面膜虽好但使用也不能过度。比如保湿的面膜可以适当地多做一点，但是清洁的尤其是深度清洁的撕剥式面膜绝对不能过多使用。

5. 脸部皮肤比较敏感，所以在自制面膜的时候，对于原材料的选择是有讲究的，不是什么都能用

无论是自制面膜还是商场里购买的成品面膜，都要根据自身的皮肤特点来挑选，不要因为身边的人用着效果好自己也买来，每个人的皮肤特质都是不一样的，适合别人的不一定就适合自己。对于自制面膜来说，可以先在手肘内侧少量涂抹，20分钟后观察有无过敏现象，如果没有，才可以敷在脸上。

十个要点教你正确使用面膜

1. 使用面膜前，最好先用面膜做过敏试验，只需将少许面膜敷料抹在手背上，30分钟后洗去，若涂抹处无红痒反应，即可敷面膜。

2. 涂面膜前，必须先卸妆、洗脸，必要的时候也可先去角质，有利于面膜的吸收。

3. 进行脸部清洁，涂敷面膜前，可先将热毛巾湿敷在脸部3分钟，然后在面部各处按摩3~5分钟，这样可以提升敷脸的效果。

4. 全脸涂敷面膜时，宜先在眉毛、发际、眼、唇等边缘处抹上一些油脂，或者是避开这些部位，以免面膜粘附在这些部位，不好清理。

5. 正确涂面膜的顺序，应从颈部、下颌、两颊、鼻、唇、额头，由下往上；注意眼睛周围、眉毛、上下唇这些部位都不宜涂面膜。

6. 面膜涂上约20分钟后，如果不觉得黏手，即可从薄膜边缘开始，自下而上缓慢揭去。

7. 揭掉面膜后，应用干净温水将脸上残留的面膜洗净，再以冷毛巾敷面片刻，以促使毛孔收缩，最后涂上润肤化妆品。

8. 面膜干燥后会促使皮肤紧缩，出现皱纹，所以面膜在还未完全干燥时就要立刻去掉，一定记住，切勿长时间停留在皮肤上或过夜。

9. 面膜不能频繁地使用，所以一定要根据肌肤情况去做护理。

10. 自制天然面膜因为很容易丧失水分，也易受污染，所以一次不宜制作太多，最好是一次的量。

Part 6

面膜根据形态可以分为膏状、纸状、液体状等，我根据面膜的功效将它分为了五大类，并且经过几年时间的实践研究，整理出了最有效的五大类自制天然面膜，现在提供给爱美的姐妹们，希望大家一起动手，个个都美。

滋润+保湿

肌肤之所以会出现各类问题，主要都是由于肌肤缺水造成的。如果想拥有更完美的肌肤，那么就要从补水开始，制订相应的美肤锁水计划，即可拥有天然无瑕、水润透白的肌肤。

肌肤干燥的原因

年龄的增长

年龄增长会加速细胞的老化，细胞的锁水能力也会降低，这时，肌肤就会呈现干燥的状态。

睡眠不足

人体如果睡眠不足就会使身体受到一定的伤害，让肌肤失去弹性和活力，造成肌肤干燥和粗糙。

内分泌因素

人体皮脂腺的分泌在冬天的时候不活跃，加上冷空气的袭击，会让皮肤蒸发掉大量水分，肌肤就会变得粗糙、干燥。

气温降低

女性进入更年期后体内的雌性激素分泌会逐渐减少，从而使肌肤出现缺水的情况。

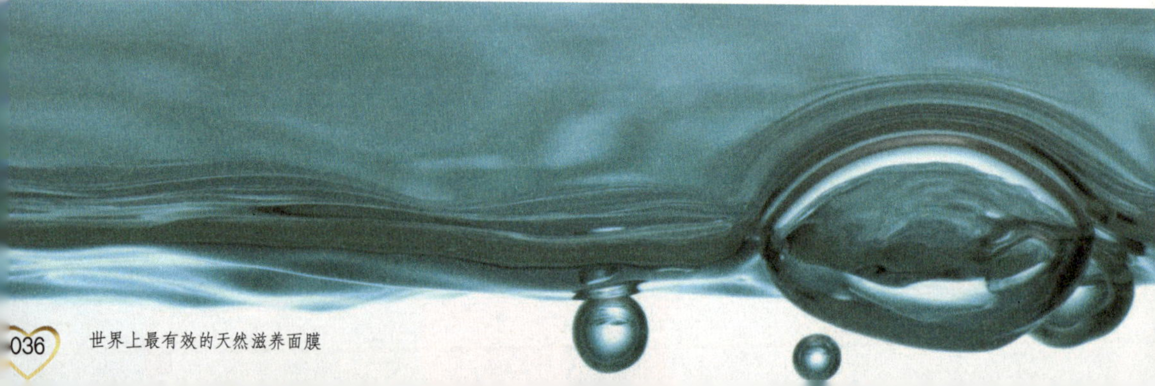

选择不适合自己的清洁用品

正常的皮脂膜酸碱度应该为弱酸性，如果经常使用碱性过重的产品清洁的话，就会破坏肌肤的酸碱度，使肌肤变得干燥、粗糙。

使用过热的水洗脸或者洗澡

如果洗脸次数过多，或者水温较热，容易使肌肤的油脂流失而造成肌肤干燥。

经常待在空调房间

长期待在开着空调的房间，肌肤容易流失水分，而引起肌肤干燥。

过度减肥

过度减肥会造成肌肤中的营养失衡，以至于肌肤会失去原有的水分和弹性。

空气污染

空气中的灰尘、废气容易附着在肌肤表面，使乳化状态发生变化而造成肌肤干燥。

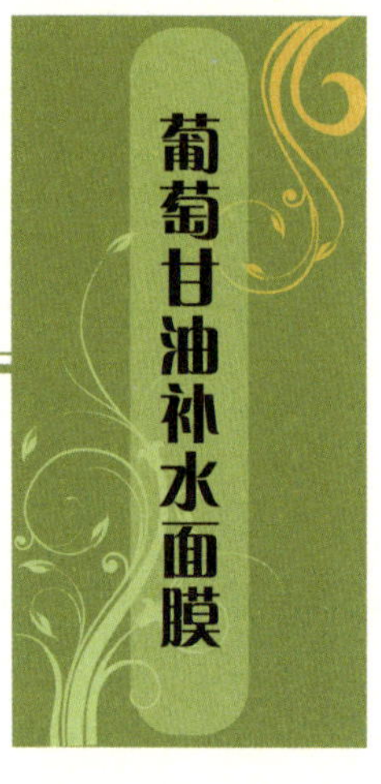

葡萄甘油补水面膜

美容功效：

滋润保湿肌肤。

适合肤质：

适用于各种肤质。

材料：

葡萄5粒，甘油1/2茶匙，奶粉2茶匙。

制作方法：

把葡萄洗净，连皮带籽捣成果泥，与甘油、奶粉一同倒在面膜碗中，充分搅拌调匀。

使用方法：

洁面后，均匀地涂敷在面部，静敷约15分钟后，以清水洗净。

葡萄

葡萄中含有矿物质钙、钾、磷、铁以及多种维生素B_1、B_2、B_6、C和P等，还含有多种人体所需的氨基酸；常食葡萄对神经衰弱、疲劳过度大有裨益。葡萄还具有防癌、抗癌的作用。葡萄中含的类黄酮是一种强力抗氧化剂，可抗衰老，并可清除体内自由基。

美容功效：

豆花面膜可以为肌肤补充所需要的水分及养分。

适合肤质：

适用于各种肤质。

材料：

豆花2大匙，蜂蜜1茶匙，面粉适量。

制作方法：

把豆花、蜂蜜、面粉一同倒入面膜碗中，充分搅拌捣烂，调匀成稀薄适中的糊状面膜，待用。

使用方法：

洁肤后，先用热毛巾敷脸片刻，接着取适量面膜均匀地涂抹在脸上，再敷上面膜纸，以防止滴落，大约15分钟后用清水洗净。每周使用3次。

豆花

豆花又称豆腐花，是用黄豆加工而成的一种豆制品，比豆腐嫩滑，具有良好的美容功效，可补充肌肤所需的水分与养分，再配合蜂蜜的滋润功效，特别适合在干燥的季节里使用。

温馨提示：

不宜长久保存，请适量调制，一次用完。

如果没有豆花，也可直接用豆腐、豆腐脑来代替。

鲜奶橄榄油面膜

美容功效：

使肌肤细胞排出污垢与毒素，充分吸收水分、增强活力，让肌肤细腻有弹性。

适合肤质：

适合各类肤质。

材料：

鲜牛奶100毫升，橄榄油5滴，面粉50克。

制作方法：

将鲜奶、橄榄油、面粉放入容器中搅拌均匀即可。

使用方法：

用指腹将面膜轻柔均匀地涂抹在脸上，避开眼周及唇部，15分钟后用温水洗净。

鲜奶

鲜奶蛋白质中一般含有20%的乳清蛋白，能与体内的铅迅速结合，形成水溶性的化合物，排出体外，从而达到美白效果。

蜂蜜胡萝卜补水面膜

美容功效：

深层补充肌肤水分，使肌肤光泽有弹性。

适合肤质：

干性、混合性肤质。

材料：

新鲜胡萝卜1根，蜂蜜1匙。

制作方法：

1. 将胡萝卜洗净、切块、榨汁备用；
2. 在胡萝卜汁中加入蜂蜜，调匀。

使用方法：

洁面后将面膜均匀涂于面部，15~20分钟后用清水清洗干净。每周2~4次。

蜂蜜

蜂蜜能改善血液的成分，促进心脑和血管功能；蜂蜜对肝脏有保护作用，能促使肝细胞再生，食用蜂蜜能迅速补充体力，消除疲劳，增强对疾病的抵抗力。蜂蜜用在美容护理中可以促进皮肤新陈代谢，增强皮肤的活力和抗菌力，减少色素沉着，防止皮肤干燥，使肌肤柔软、洁白、细腻，并可减少皱纹和防治粉刺等皮肤疾患，起到理想的养颜美容作用。

温馨提示：

最好一次用完。

干性肤质可以加入蛋黄，滋养效果更佳。

西瓜蛋清补水面膜

美容功效：

补水效果极佳，能使肌肤光滑有弹性。

适合肤质：

中性、混合性及油性肤质。

准备材料：

新鲜西瓜1块，鸡蛋1个，面粉适量。

制作方法：

1. 西瓜去皮、去籽，切成小块，捣成泥备用；2. 将鸡蛋打破取蛋清，加入面粉和西瓜泥，搅匀成糊状即可。

使用方法：

洁面后将面膜均匀涂于面部，10~15分钟后用清水洗净。每周2~4次。

西瓜

西瓜果肉含蛋白质，葡萄糖，蔗糖，果糖，苹果酸，维生素A、B、C，挥发性成分中含多种醛类，夏天食用西瓜不但可解暑热、发汗多，还可以补充水分，号称夏季瓜果之王。

温馨提示：

密封后放冰箱冷藏，可保存5天左右。由于西瓜中含有感光因子，在日晒前不要使用此面膜，最好在晚上或日晒后使用。

杧果牛奶亮白面膜

美容功效：

杧果含有丰富的维生素A，能使肌肤细胞充满活力，排出毒素，并有效地吸收水分，使肌肤晶莹水嫩。

适合肤质：

各种肤质。

材料：

杧果1个，牛奶100毫升。

制作方法：

1.杧果去皮去核后捣碎成泥状；2 .将杧果泥与牛奶放入空碗中搅拌均匀即可。

使用方法：

洁面后将面膜均匀涂于面部，大约15分钟后用清水洗净。每周2次。

杧果

杧果的胡萝卜素含量特别高，有益于视力，能润泽皮肤；杧果中还含有一种叫杧果甙的物质，有明显的抗脂质过氧化和保护脑神经元的作用，能延缓细胞衰老、提高脑功能。杧果中维生素C的含量高于一般水果，杧果也是女性的美容佳品。

温馨提示：

最好一次用完。

制作此款面膜，干性肌肤使用全脂牛奶，油性肌肤使用脱脂牛奶，这样可以中和肤质，使肌肤达到最佳状态。

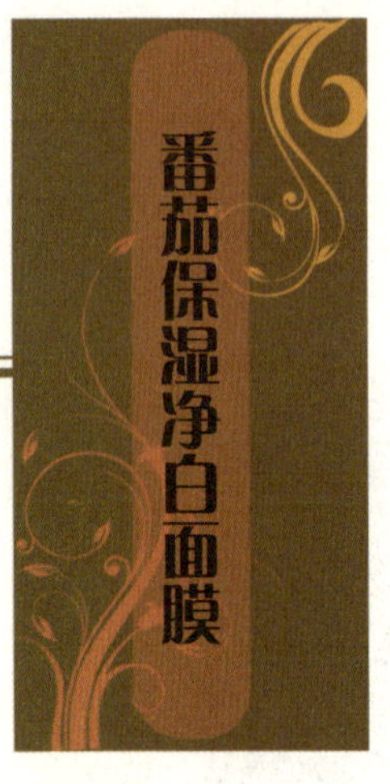

美容功效：

番茄含有丰富的维生素C，而且蕴含丰富的果酸，能有效去除面部角质。配合具有美白滋润功效的面粉，能让肌肤时刻保持水润。

适合肤质：

任何肤质。

材料：

番茄1个，面粉3匙。

制作方法：

1. 将番茄连皮打成浆；2. 在番茄浆中加入面粉搅拌均匀。

使用方法：

洁肤后将番茄面膜均匀涂于面部，大约15分钟后用清水洗净。每周2次。

番茄

番茄含有丰富的维生素、矿物质、碳水化合物、有机酸及少量的蛋白质。番茄中有谷胱甘肽，有推迟细胞衰老、增加人体抗癌的能力。番茄中胡萝卜素可保护皮肤弹性，促进骨骼钙化，防止眼干症。番茄红素具有独特的抗氧化能力，能清除自由基，保护细胞，使脱氧核糖核酸及基因免遭破坏，能阻止癌变进程。番茄具有抗衰老作用，使皮肤保持白皙。

温馨提示：

最好一次用完。

将番茄切成薄片，直接贴在脸上20分钟，也可以达到美肤效果。

酸奶蜂蜜深层补水面膜

美容功效：

能深入滋养肌肤，兼具嫩白效果。

适合肤质：

干性、混合性以及敏感性肤质。

材料：

酸奶2匙，蜂蜜1匙，面粉适量。

制作方法：

1. 将酸奶倒入空碗中，加入蜂蜜，用汤匙搅拌均匀；2. 加入面粉，搅拌成糊状即可。

使用方法：

洁肤后将面膜均匀地涂于面部，大约15～20分钟后用清水洗净。每周2～4次。

酸奶

酸奶比牛奶更营养。酸奶由纯牛奶发酵而成，除保留了鲜牛奶的全部营养成分外，在发酵过程中乳酸菌还可产生人体营养所必需的多种维生素，如维生素B_1、维生素B_2、维生素B_6、维生素B_{12}等。酸奶用在美容护理中可以使皮肤柔嫩、细腻。

温馨提示：

最好一次用完。

美容功效：

能很好地滋润和美白肌肤，恢复肌肤润泽。

适合肤质：

各种肤质。

材料：

苦瓜粉2匙，珍珠粉、牛奶适量；苦瓜粉也可单独做面膜。

制作方法：

将苦瓜粉、珍珠粉放入面膜碗中，加适量牛奶（或凉饮用水）搅拌成糊状,敷于面部，15～20分钟后用温水洗净。每周2～3次。

苦瓜

苦瓜能滋润和美白皮肤，还能镇静和保湿肌肤，特别是在燥热的夏天，敷上冰过的苦瓜片，能立即解除肌肤的烦恼。

温馨提示:

最好一次用完。

每天服用一点苦瓜粉还有不错的减肥瘦身作用。

酸奶柠檬润白面膜

美容功效：

清洁嫩白，能及时给肌肤充分的保湿补水，同时还能软化角质。

适合肤质：

中性、油性肤质。

材料：

酸奶2匙，柠檬半个，蜂蜜1匙。

制作方法：

1. 将柠檬放入榨汁机内榨汁备用；2. 在柠檬汁内加入蜂蜜；3. 再加入酸奶搅拌均匀即可。

使用方法：

洁肤后用热毛巾敷脸，再将面膜均匀地涂于面部，再敷上面膜纸，大约20分钟后用清水洗净。每周2～3次。

柠檬

柠檬是世界上最有药用价值的水果之一，它富含维生素C、柠檬酸、苹果酸、高量钾元素和低量钠元素等，对人体十分有益。鲜柠檬维生素含量极为丰富，是美容的天然佳品，能防止和消除皮肤色素沉着，具有美白作用。此外，柠檬生食还具有良好的安胎止呕作用。因此柠檬是适合女性的水果。

温馨提示：

最好一次用完。

由于面膜中含有柠檬汁，有一定刺激性，所以敏感性皮肤禁用。

美容功效：

完全清除皮肤污垢的同时给肌肤提供充足水分。

适合肤质：

各类肤质。

材料：

芦荟50克，黄瓜1根，蜂蜜1匙。

制作方法：

1. 芦荟、黄瓜洗净去皮，切块后榨汁；2. 加入蜂蜜，搅拌均匀即可。

使用方法：

洁肤后，将调好的面膜均匀地涂于面部，大约30分钟后用清水洗净。每周3次。

芦荟

芦荟中有不少成分对皮肤有良好的营养滋润作用，且刺激性小，用后舒适，对皮肤粗糙、面部皱纹、疤痕、雀斑、痤疮等均有一定疗效。芦荟对皮肤有良好的营养、滋润、增白作用。芦荟中的天然蒽醌甙或蒽的衍生物，能吸收紫外线，防止皮肤红褐斑产生。

温馨提示：

最好一次用完。

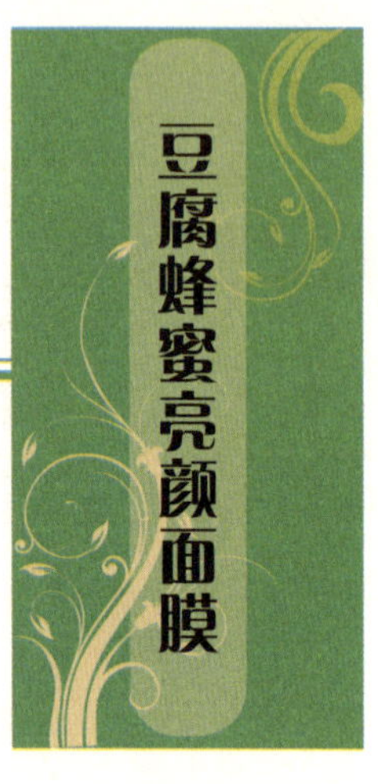

美容功效：

能有效滋养肌肤，使肌肤美白细嫩。

适合肤质：

干性、中性、油性及混合性肤质。

材料：

豆腐1块，蜂蜜1匙，面粉适量。

制作方法：

1. 将豆腐切成小块，捣成泥状，滤干水分，备用；2. 在豆腐中加入面粉和蜂蜜，搅拌均匀。

使用方法：

洁肤后，将面膜均匀地涂于面部，大约20分钟后用清水洗净。每周2次。

豆腐

豆腐的主要成分是大豆蛋白与油脂及碳水化合物，是由黄豆做成。吃豆腐可以美容，豆腐富含多种微量元素、维生素、蛋白质及氨基酸等，对人体生长发育、新陈代谢以及免疫功能都有一定功效。黄豆所含的蛋白质和人体必需的脂肪酸是维持皮肤弹性、保持皮肤光滑细嫩的重要物质，豆腐既是开胃、健脾的美味佳肴，又是美容护肤圣品。

温馨提示：

密封后放冰箱冷藏，可保存5天左右。

如果手边有做菜剩下的豆腐，可将豆腐在手心轻轻揉搓后直接敷在脸上，效果也很不错。

控油+祛痘

炎热的夏天，肌肤常常会不自觉地出油、出汗，让人每隔一个小时就有洗脸的冲动。其实洗脸只是将脸部表面的油脂暂时清理掉了，过多地洗脸反而会使油脂和水分分泌失衡，造成皮脂腺分泌更多而产生粉刺及痘痘。其实对于油性肌肤最应该注意的就是选对护理产品、正确洗脸。这样才能调整好肌肤的水油平衡，摆脱“油光满面”。

正确护理法

1. 油性肌肤在做清洁前一定要选用无油脂或具有控油效果的洁面乳，这样可以有效去除和控制油脂。

2. 洁肤后最好使用具有收敛因子和抗菌素的喷雾，可以缩小毛孔，使肌肤细腻。

3. 同时要使用不含油脂的补水护肤品来润肤保湿，保持水油平衡。

4. 定期做面膜，去黑头。

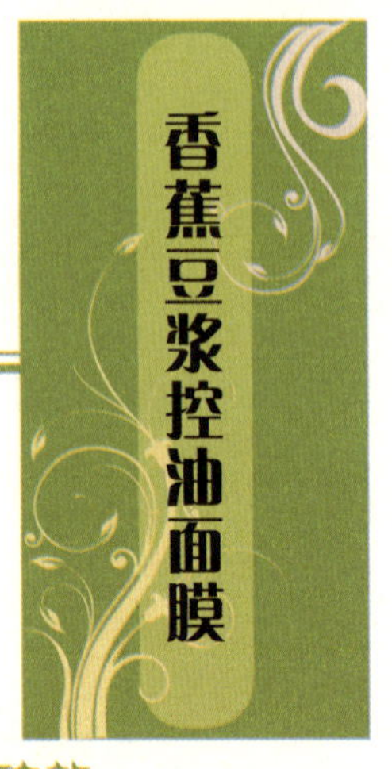

香蕉豆浆控油面膜

美容功效：

促进面部血液循环，调节肌肤水油平衡，控制油脂分泌。

适合肤质：

适用于各种肤质。

材料：

青香蕉1根，苹果1/2个，薏仁粉1大匙，蜂蜜1小匙，无糖豆浆1/2杯。

制作方法：

把青香蕉连皮洗净，苹果洗净，去皮及核，一同放入果汁机中，打烂成泥状，与薏仁粉、蜂蜜、无糖豆浆一同倒入面膜碗中，充分搅拌，调匀成糊状，待用。

使用方法：

温水清洁面部后，取适量本面膜均匀地涂抹在脸部，避开眼部、唇部，等待约15分钟后，以清水彻底洗净即可。每周使用2次。

豆浆

豆浆能延缓衰老，减少青少年女性面部青春痘、暗疮的发生，使皮肤白皙润泽。

天然面膜不宜保存，请尽量一次用完。

美容功效：

彻底清洁肌肤上的老废角质与多余的油脂，令肌肤纯净、清爽。

适合肤质：

适合于各种肤质的T区敷用。

材料：

红豆粉10克，纯酸奶10克。

制作方法：

把红豆洗净，研磨成细粉，与纯酸奶一同倒入碗中，充分搅拌，调和均匀成容易涂敷的糊状，待用。

使用方法：

洗脸后，先用热毛巾敷脸片刻，接着取适量本面膜均匀地涂敷在脸部，等待约20分钟后，以清水彻底洁面即可。每周使用3次。

红豆

红豆是女性健康的好朋友，丰富的铁质能让人气色红润。红豆粉的细微颗粒可充分渗入毛细孔、清除脏污，且具按摩肌肤的作用。

温馨提示：

红豆一直是传统的天然保养材料，常用红豆粉洗脸可以令皮肤白里透红哦！

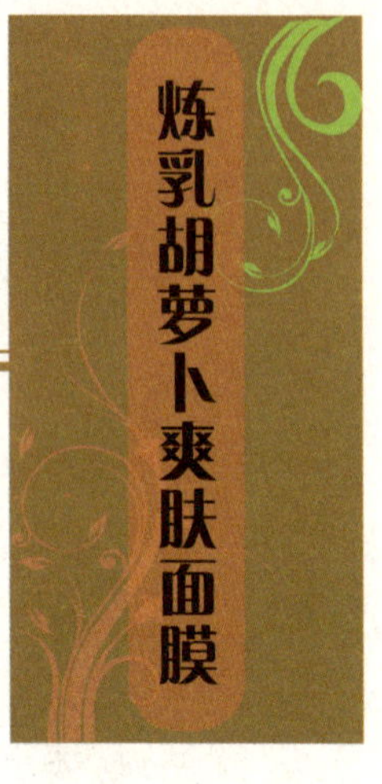

美容功效：

具有良好的清洁爽肤、补水控油功效。

适合肤质：

适用于混合性、油性肤质。

材料：

胡萝卜1/2根，炼乳2小匙。

制作方法：

把胡萝卜洗净，切块，放入果汁机中，榨取汁液，与炼乳一同倒入面膜碗中，充分搅拌调匀成糊状，待用。

使用方法：

温水洁面后，先用热毛巾敷脸片刻，接着取适量本面膜均匀地敷脸，待15分钟后，以清水彻底洗净即可。每周使用3次。

炼乳

炼乳中的碳水化合物和抗坏血酸（维生素C）比奶粉要多得多。

温馨提示：

本面膜不宜保存，请一次用完。

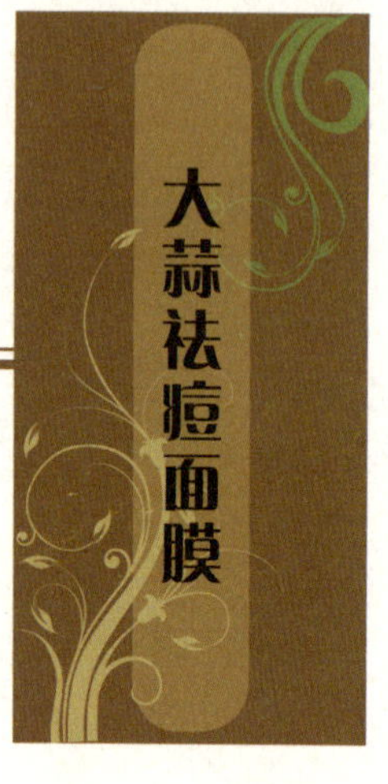

美容功效:

抑菌清洁，预防痤疮、粉刺的产生。

适合肤质:

适用于油性、混合性肤质。

材料:

大蒜5瓣，蜂蜜1小匙。

制作方法:

把大蒜拍碎，去皮，捣成蒜泥，加入蜂蜜，充分混合，调匀成糊状，待用。

使用方法:

温水洗净脸部后，先拿热毛巾敷脸5分钟，接着取适量本面膜均匀地涂在脸上，待10分钟后，以清水彻底洗净即可。每周使用1次。

大蒜

大蒜可杀菌消毒，并且能促进血液循环，较迅速解除疲劳和提高运动成绩，提高巨噬细胞的吞噬能力。

温馨提示：

天然面膜不宜保存，请一次用完。

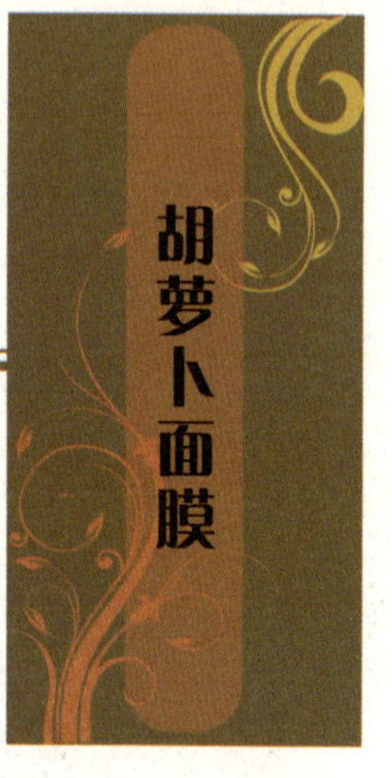

美容功效：

此面膜有祛除青春痘、化斑痕、疗暗疮、抗皱纹的功效。

适合肤质：

油性肤质。

材料：

鲜胡萝卜500克，面粉5克。

制作方法：

取鲜胡萝卜洗净，捣碎；将捣碎的胡萝卜榨成汁液，加入面粉再搅拌成泥。

使用方法：

洁肤后，将胡萝卜泥，敷于脸部，大约 10分钟后用清水清洗。每周3次。

鲜胡萝卜

胡萝卜富含糖类、脂肪、挥发油、胡萝卜素、维生素A、维生素B_1、维生素B_2、花青素、钙、铁等营养成分，食用可降低胆固醇、预防心脏疾病和肿瘤。胡萝卜可促进新陈代谢，增进血液循环，从而使皮肤细嫩光滑，肤色红润，对美容健肤有独到的作用。

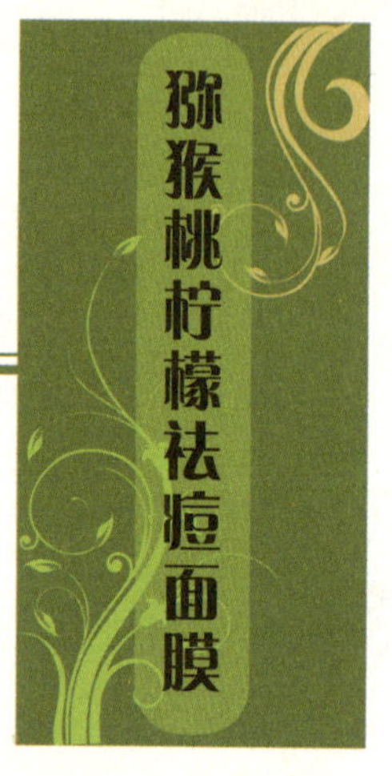

美容功效：

清洁肌肤，预防粉刺、痘痘的产生。

适合肤质：

各类肤质。

材料：

猕猴桃1个，柠檬1/2个，白醋少量，纯净水适量。

制作方法：

把猕猴桃洗净，去皮，与柠檬一同放入果汁机中，榨取汁液，接着加入白醋与纯净水，充分拌匀，最后浸入面膜纸，待用。

使用方法：

清洁脸部后，先用热毛巾敷脸片刻，接着取浸泡好的面膜纸敷贴在面部，待15分钟后，轻轻揭下，洗净即可。每周使用2次。

猕猴桃

猕猴桃可是不可多得的美容圣品，而且是最具人气的“美容水果”噢！猕猴桃含相当丰富的维生素、果胶、果酸等，可以给皮肤补充养分、预防黑斑，使皮肤更加白皙细腻。

温馨提示：

本面膜也可做化妆水使用，平时装瓶冷藏待用，使用时，按化妆水的用法使用。

绿豆粉去黑头面膜

美容功效：

深层洁肤去角质，帮助洗去黑头烦恼。

适合肤质：

适用于各种肤质，建议使用前先做肤质测试。

材料：

绿豆粉1大匙，珍珠粉1/2匙，酸奶适量，蜂蜜1大匙，维生素E胶囊1颗。

制作方法：

将维生素E胶囊剪开，挤出药液，与绿豆粉、珍珠粉、酸奶、蜂蜜一起倒入面膜碗中，充分搅拌均匀成糊状，待用。

使用方法：

清洁脸部后，先用热毛巾敷脸片刻，接着取适量面膜均匀地涂敷在脸上，静敷约15分钟后，以清水彻底洗净，清洗时注意配合轻揉鼻翼两侧的黑头集中区即可。每周使用2次。

绿豆粉

绿豆粉不但可去角质、消炎、平衡油脂及镇定肌肤，也可以改善暗沉肤色。对于长有青春痘的朋友有很大的神奇功效，而且可以改善青春痘所留下的疤痕。

金盏花祛痘面膜

美容功效：

有效去除老废角质，温和祛痘，使肌肤润泽、光滑。

适合肤质：

油性肤质。

材料：

干金盏花2大匙，原味奶酪1小片，柠檬汁5滴。

制作方法：

将干金盏花、柠檬汁、原味奶酪放到搅拌器中，充分搅拌均匀，待用。

使用方法：

洁肤后，用面膜刷将本款面膜涂在面部，避开眼、唇部肌肤。用手轻轻按摩，约15分钟后，用温水洗净即可。每周2次。

金盏花

金盏花可消炎降火，借着奶酪去老化角质的特性，更能深层祛痘，对于初发的痘痘特别有效。长期坚持使用还能控制痘痘复发。金盏花还有超强的愈合能力，杀菌收敛伤口，治疗发炎、暗疮、毛孔粗大，防止疤痕的产生。镇定肌肤，改善敏感性肤质。具有修护疤痕的功效。滋润干燥唇部，促进皮肤的新陈代谢，尤其针对干燥的肌肤，有高度的滋润效果。

温馨提示：

本款面膜如果一次没有用完，须用玻璃器皿密封，放入冰箱冷藏，并尽快用完。

热饭团去黑头面膜

美容功效：

具有去除鼻子等部位的黑头，清除肌肤毛孔中的杂质与污垢的美容功效。

适合肤质：

适用于粗糙、偏油性的肤质。

材料：

热米饭1大匙。

制作方法：

趁热盛出1大匙热米饭，用纱布包好揉成一团待用。

使用方法：

待米饭团不是很烫后，拿掉纱布，将米饭团敷在黑头密集的部位，用手轻轻按摩几分钟后，用清水洗净，再拍上化妆水即可。每周2次。

大米

大米的主要营养成分：蛋白质、糖类、钙、磷、葡萄糖、维生素B。其蛋白质中含有胶原纤维，是保持皮肤弹性的主要成分。缺少蛋白质，皮肤易松弛和生出皱纹，将米饭用在美容中还可将皮肤毛孔的油脂及污物都粘出来。这样能使面部皮肤比以前洁白、漂亮、娇嫩。

温馨提示：

热米饭团的温度以肌肤能忍受的温度为宜，以免烫伤肌肤。

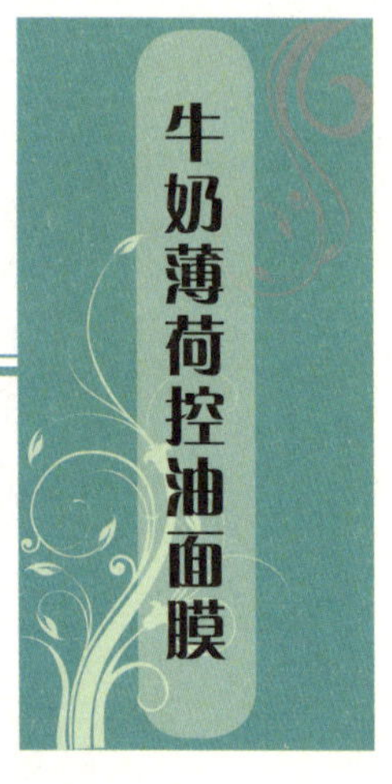

牛奶薄荷控油面膜

美容功效：

有效清除肌肤内的污垢，平衡肌肤油脂分泌，改善毛孔粗大问题，为肌肤补充水分。

适合肤质：

中性、油性肤质。

材料：

牛奶半杯，薄荷精油1~2滴，面粉适量。

制作方法：

1. 将面粉和牛奶放入空碗中，搅拌均匀成糊状；2. 滴入薄荷精油并充分搅拌。

使用方法：

洁肤后，用毛巾热敷，再将面膜均匀地涂于面部，大约20分钟后用清水洗净。

薄荷精油

薄荷精油可以调理不洁、阻塞的肌肤，其清凉的感觉，能收缩微血管、舒缓发痒、发炎和灼疼，也可柔软肌肤，对于清除黑头粉刺及油性肤质极具效果。薄荷还是治疗感冒的最佳精油，能抑制发烧和黏膜发炎，并促进排汗。

温馨提示：

最好一次用完。

孕妇和哺乳期女性禁用。

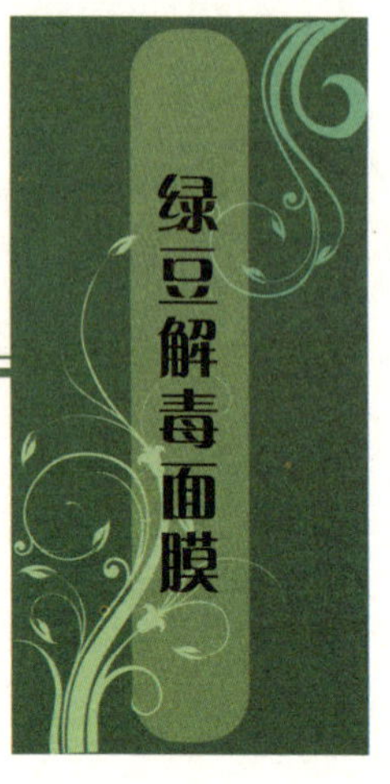

美容功效：

能清除肌肤污垢，清热解毒，能迅速排出油脂，使肌肤嫩滑透亮。

适合肤质：

油性肤质。

材料：

绿豆粉2匙，牛奶100毫升。

制作方法：

将绿豆粉和牛奶一同加入容器中搅拌均匀即可。

使用方法：

洁肤后，将调好的面膜均匀地涂于面部，大约20分钟后用清水洗净。每周2~3次。

绿豆

绿豆味甘性寒，入心、胃经，具有清热解毒、消暑利尿之功效。绿豆有很高的营养价值，它含蛋白质、脂肪、碳水化合物、钙、磷、铁及维生素A、B_1、B_2、烟酸及肽类，它可以清热解暑，止渴利尿，消肿止痒，收敛生肌，明目。

温馨提示:

不宜保存，最好一次用完。

最好选用脱脂牛奶。

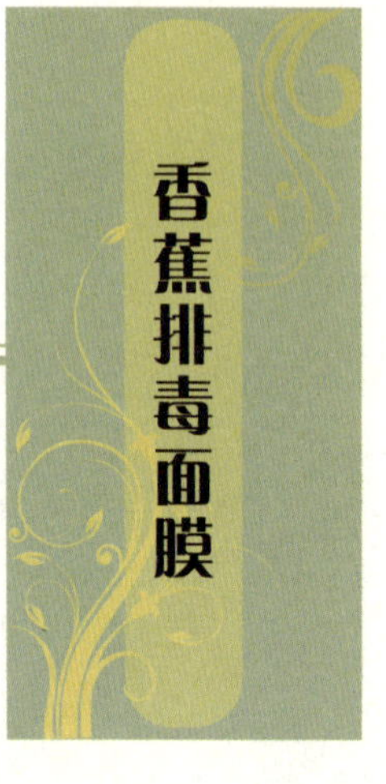

香蕉排毒面膜

美容功效：

清除面部多余油脂，使脸部皮脂腺得以畅通，彻底清除毛细孔中的污垢及毒素，防止痤疮产生，让肌肤细胞能更有效地吸收营养并锁住水分。

适合肤质：

油性肤质。

材料：

香蕉1根，植物芝士1匙。

制作方法：

香蕉去皮备用；将芝士和香蕉放入搅拌机中，搅拌成糊状即可。

使用方法：

洁肤后，将面膜均匀地涂抹在脸上，10分钟后用温水洗净。每周3次。

香蕉

香蕉鲜果肉质软滑、香甜可口，是广受欢迎的热带水果。用香蕉护肤，可以改善皮肤干燥，延缓肌肤衰老。

温馨提示：

最好一次用完。

此面膜亦可制成体膜，涂抹在身体的痤疮患处，同样有美肤效果。

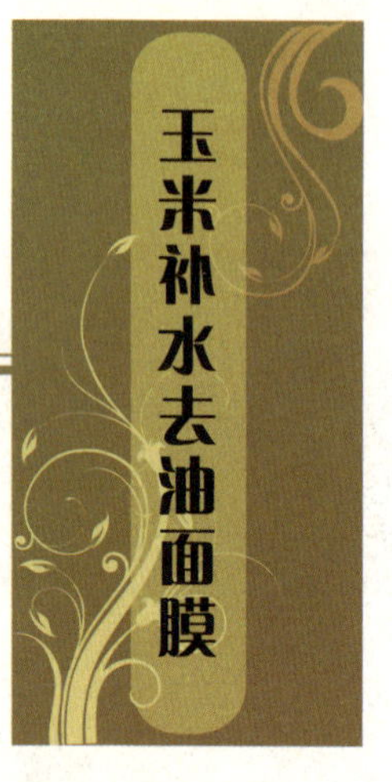

美容功效：

有效清除肌肤深沉污垢，平衡油脂分泌，有预防痘痘产生的功效，并能收缩毛孔，使肌肤得到充足的水分。

适合肤质：

油性肤质。

材料：

玉米粉2匙，牛奶450毫升。

制作方法：

将所有材料一同加入到容器中搅拌均匀即可。

使用方法：

洁肤后，将调好的面膜均匀地涂于面部，大约20分钟后用清水洗净。每周2~3次。

玉米粉

玉米富含纤维质，长期使用，有助消化、排毒瘦身；所含叶黄素和玉米黄素两种抗氧化剂，可以抗衰老、淡斑美白；丰富的钙、磷、镁、铁、硒及维生素A、B_1、B_2、B_6、E和胡萝卜素等营养，能帮助丰胸。此外，还能防治动脉硬化、高脂血症、高血压、冠心病、神经衰弱、眩晕耳鸣等多种疾病,能起到软化血管的作用。

温馨提示：

最好一次用完。

此面膜不仅能有效控油，还有消炎的作用，可以缓解痘痘症状。

橘子燕麦去角质面膜

美容功效：

软化肌肤，去除角质，平衡油脂分泌，令肌肤清爽白净。

适合肤质：

中性、油性及混合性肤质。

准备材料：

橘子1个，燕麦粉2匙。

制作方法：

1. 橘子去皮、去籽后榨汁备用；2. 将燕麦加入橘子汁中搅拌均匀即可。

使用方法：

洁肤后，将调好的面膜均匀地涂于面部，大约20分钟后用清水洗净。每周2次。

橘子

橘子味甘酸、性凉，入肺、胃经；具有开胃理气、止咳润肺的功效；主治胸膈结气、呕逆少食、胃阴不足、口中干渴、肺热咳嗽及饮酒过度。橘子营养也十分丰富，它含有170余种植物化合物和60余种黄酮类化合物，其中的大多数物质均是天然抗氧化剂。橘子富含维生素C与柠檬酸，前者具有美容作用，后者则具有消除疲劳的作用。

温馨提示：

最好一次用完。

清洗时可做适当的按摩，辅助清除角质。

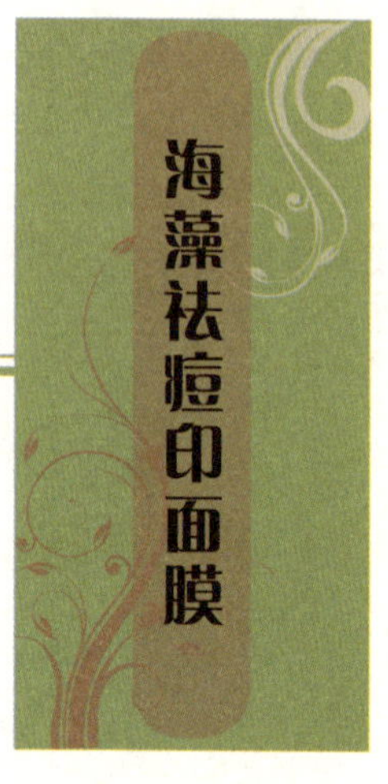

美容功效：

补水、美白、祛斑，有一定的消炎杀菌作用，有助于消除暗疮。

适合肤质：

各类肤质。

准备材料：

海藻颗粒面膜20克，适量纯净水。

制作方法：

将海藻颗粒放入碗中，加入适量纯净水混合。

使用方法：

洁面后将做好的面膜形状贴在脸上，10分钟后用清水洗净。每隔一天做一次即可。

海藻

海藻是一种多功能有效美容面膜，经过中、美、日高科技医学研究中心发现，它含有蛋白素、维生素E，能对面部皮肤起到祛皱、祛斑、美白、消炎、消除眼部眼袋皱纹、增加营养水分的作用，使肌肤更有弹性和青春活力。

温馨提示：

最好一次用完。

清洗时可做适当的按摩，辅助清除角质。

镇静+抗敏

敏感性肌肤一般的症状是：干燥、紧绷、发红、刺痛、脱皮，特别是受到刺激时，容易引起肌肤红斑和皮屑，甚至出现发炎、红肿等现象。

敏感性肌肤的清洁方法

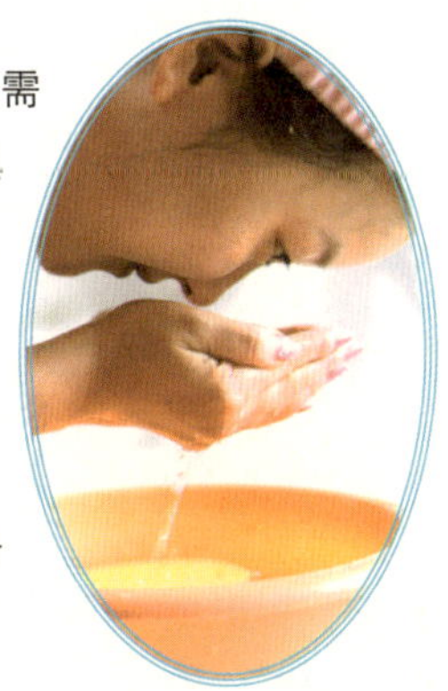

1. “适度清洁，温和洁面”是敏感性肤质特别需要注意的，应尽量选择成分天然、弱酸性，不含皂基成分、磨砂颗粒，容易洗净的温和洁面乳。洗脸时，选择温水。

2. 尽量不使用磨砂去角质，实在有必要的时候，也只是局部地去角质，而且也要选择温和的去角质啫喱类产品，尽量避开肌肤薄弱的地方。

敏感性肌肤的保湿方法

1. “保湿”是敏感性肌肤基础护理的另一个重点之一，清洁面部后，要及时为肌肤补充所需的水分，以平衡面部肌肤的水油比例。

2. 使用化妆水时，不适合用“拍打式”与化妆棉，因为这两者都容易刺激到肌肤，应该用化妆水蘸湿双手，由内向外轻轻按压面部肌肤即可。建议选用含有洋甘菊、玫瑰、薰衣草等成分的化妆水。

3. 乳液类的护肤品应选择含有“草本或海洋”等天然萃取成分，因为这些成分具有舒缓作用。先取适量在手心抹开后，轻轻涂抹在面部。

4. 敏感性肌肤可以适当选用自制的抗过敏舒缓面膜来帮助增强肌肤抵抗力。切记一点，在使用前，一定要做皮肤测试。

敏感性肌肤的防晒策略

一定要选用低过敏性的敏感性肌肤专用的防晒品，出门前半小时涂抹，后每隔两到三个小时涂抹一次，以防止阳光对肌肤的伤害。

敏感性肌肤的生活保养

1. 饮食方面要多摄取优质的蛋白质，忌食辛辣、刺激性的食物。

2. 不要熬夜，注意保持充足的睡眠，缓解、释放肌肤压力。

敏感性肤质的护肤品选择

应尽量选择含有甘草精华、薰衣草精华或芦荟精华的纯天然植物型护肤品，不要使用含有特殊成分、对肌肤刺激性较大的护肤品。

敏感性肌肤的妆容技巧

1. 敏感性肌肤最好不要化妆，一定要化的时候也尽量只化淡妆，避免浓妆对肌肤的刺激。

2. 卸妆时，应避免使用油腻的卸妆油，最好选择清爽型的卸妆液或卸妆水，用棉签蘸湿后轻柔地卸妆。

美容功效：

安抚镇静肌肤，同时能有效地滋润肌肤。

适合肤质：

各类肤质，尤其是敏感性肤质。

材料：

芦荟1片，黑芝麻10克，蜂蜜2匙。

制作方法：

1. 黑芝麻磨成粉；2. 芦荟去皮榨汁备用；3. 将黑芝麻粉、芦荟汁、蜂蜜一同加入到容器中搅拌均匀。

使用方法：

洁肤后，将调好的面膜均匀地涂于面部，大约25分钟后用清水洗净。每周2次。

黑芝麻

黑芝麻含有丰富的不饱和脂肪酸、蛋白质、钙、磷、铁等。黑芝麻作为食疗品，有益肝、补肾、养血、润燥、乌发、美容作用，是极佳的保健美容食品，常吃芝麻，可使皮肤保持柔嫩、细致和光滑。黑芝麻的神奇功效，还在于它含有的维生素E居植物性食品之首。维生素E能促进细胞分裂，延迟细胞衰老 。

温馨提示：

此面膜最好一次用完，如果用不完，可密封后放冰箱冷藏，大约能保存5天。

黑芝麻的抗衰老效果不错，也可内服外敷同时使用。

红苕镇静面膜

美容功效：

红苕面膜可以镇静肌肤，让脸红的皮肤慢慢消红。

适合肤质：

各类肤质。

材料：

大半个红苕，1匙面粉，1匙淘米水（用淘过两到三次的）。

制作方法：

把红苕用搅拌机搅拌成泥，加1匙面粉，1匙淘米水调匀。

使用方法：

洁肤后，在脸上敷上面膜纸后敷面膜，大约15分钟后用清水洗净。每周2次。

红苕

红苕中的绿原酸，可抑制黑色素的产生，防止雀斑和老年斑的出现。红苕还能抑制肌肤老化，保持肌肤弹性，减缓机体的衰老进程。

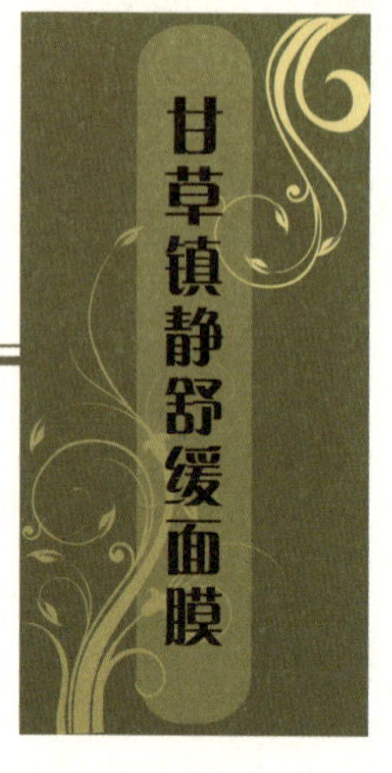

甘草镇静舒缓面膜

美容功效：

安抚镇静肌肤，消除面部干、痒。

适合肤质：

适用于各种肤质，特别是敏感性肌肤。

材料：

甘草粉2茶匙，淘米水100毫升。

制作方法：

取适量淘米水与甘草粉一同倒入面膜碗中，充分搅拌，调和均匀成稀薄适中的糊状，待用。

使用方法：

清水洗脸后，取适量本面膜均匀地涂抹在脸上，等待约15分钟后，用清水彻底洗净。每周使用2~3次。

甘草

甘草是一种很好的美容添加剂，在抑制细胞黑色素的形成、抑制酪氨酸酶的活性、抗氧化方面的效果很好，可以用于化妆品中，兼有美白和抗衰老作用。

温馨提示：

甘草粉可在中药房购买到，本面膜可在冰箱中冷藏保存约一周。

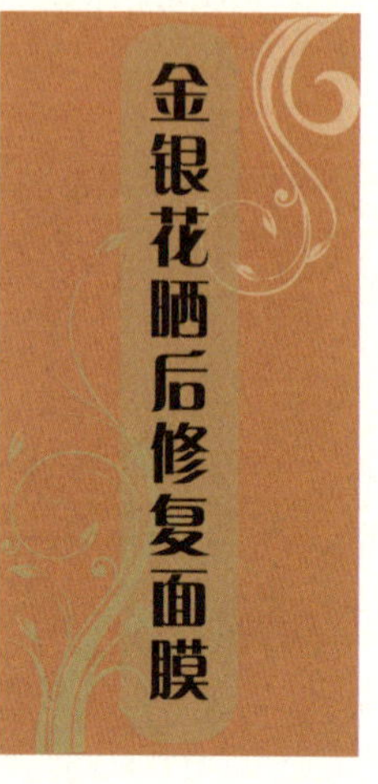

金银花晒后修复面膜

美容功效：

具有很好的镇静、美白、补水功效，可以帮助修复晒后的肌肤。

适合肤质：

适用于各种肤质。

材料：

干燥的茉莉花瓣、金银花瓣、野菊花瓣各等量，蜂蜜适量。

制作方法：

将茉莉花瓣、金银花瓣、野菊花瓣放入研磨碗中，共研成细末，与适量蜂蜜一同倒入面膜碗中，充分搅拌，调匀成糊状，冷藏待用。

使用方法：

清洁脸部后，取适量本面膜均匀地涂敷在脸部，等待约15分钟后，以清水洗净，再用凉毛巾敷脸20分钟。每周使用3次。

金银花

花开时初为纯白，继而变黄，十分好看。金银花具有抑菌、抗病毒、抗炎、解热、调节免疫力等作用。

温馨提示：

金银花可在中药房或花茶店购买到。

马铃薯胡萝卜修复面膜

美容功效：

马铃薯面膜具有良好的镇静修复、滋润补水的功效。

适合肤质：

适用于各种肤质。

材料：

马铃薯1个，胡萝卜1根。

制作方法：

把马铃薯、胡萝卜分别洗净，去皮，切成块，放入果汁机中打成泥状，倒入面膜碗中，充分拌匀，待用。

使用方法：

温水清洁脸部后，先用热毛巾敷脸片刻，接着取适量本面膜均匀地涂抹在面部，静敷约15分钟后，以清水彻底冲洗干净。每周使用2~3次。

马铃薯

马铃薯含有丰富的美容元素，如维生素A、维生素B、胡萝卜素等，可滋润补水、润燥、修复敏感性肌肤，能修复肌肤干燥粗糙、晒后敏感等问题。

温馨提示:

天然面膜不宜长久保存，请尽量一次用完。

美容功效：

具有较好的舒缓、镇静功效，适用于晒后敏感的肌肤。

适合肤质：

适用于各种肤质。

材料：

化妆水，冰矿泉水，压缩面膜。

制作方法：

把适量化妆水与冰矿泉水倒在面膜碗中，浸泡压缩面膜，待用。

使用方法：

清水洁面后，把面膜纸仔细地敷在脸上，待15分钟后，由下向上轻轻揭下面膜纸，无须再洁面，每周使用3次。

化妆水

化妆水可以让皮肤的含水量增加，皮肤角质层吸饱水后就会变透明，脸色会非常通透。化妆水的成分中有60%以上是水分，可以补充肌肤表层的水分。

维生素E去红血丝面膜

美容功效：

镇静修复肌肤，帮助消退红血丝。

适合肤质：

适用于红血丝肤质，建议使用前先做过敏测试。

材料：

香蕉1根，维生素E胶囊2粒，息斯敏1粒。

制作方法：

先把香蕉去皮，切块后捣烂成泥状，接着把维生素E胶囊剪破，挤出药液，然后碾碎息斯敏，将三种材料充分搅拌均匀成糊状，待用。

使用方法：

洗净面部后，取适量本款自制面膜均匀地涂敷在脸上，等待约20分钟后，用清水彻底洁面。每周使用2~3次。

维生素E

维生素E被广泛用于抗衰老方面，认为它可消除脂褐素在细胞中的沉积，改善细胞的正常功能，减慢组织细胞的衰老进程。

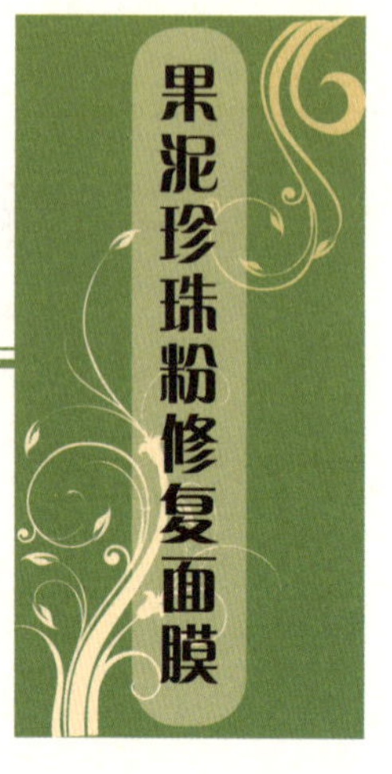

果泥珍珠粉修复面膜

美容功效：

清凉镇静，修复晒后受损肌肤。

适合肤质：

适用于各种肤质。

材料：

苹果1/2个，小黄瓜1根，梨子1/2个，珍珠粉适量，面粉适量，纯净水适量。

制作方法：

将苹果、黄瓜、梨子一起放入果汁机中，打烂成果泥，取出后与珍珠粉、面粉、纯净水一起倒入面膜碗中，搅拌均匀，冷藏待用。

使用方法：

清洁脸部后，取适量本面膜均匀地涂敷在脸部肌肤上，静敷约15分钟后，以清水彻底洁面即可。每周使用2次。

梨子

梨子味甘、微酸、性微寒，归肺、胃经，生津润燥、清热化痰、泻热止渴、润肺镇咳、养血生肌、润肠通便。用于热病伤阴、肺燥咳嗽、烦咳惊狂、咽干失音、反胃便秘等症。《本草纲目》称“润肺清心、消痰降火、解疮毒酒毒”。其清热安神功能，对缓解高血压、失眠、惊悸有辅助治疗作用。

美容功效：

抗过敏、保湿，晒后帮助有效镇静修复肌肤。

适合肤质：

适用于各种肤质。

材料：

新鲜西瓜果肉1小块，甘油1/2茶匙。

制作方法：

将西瓜果肉放入果汁机中，榨取果汁，接着与甘油（没有甘油也可以用1cc保湿精华液）一起搅拌均匀，浸泡入面膜纸，待用。

使用方法：

清洁面部后，取出面膜纸敷在脸上，等待约15分钟后，取下，再以冷水敷脸片刻。每周使用1次。

甘油

冬季人们常用甘油涂于手和面部等暴露在空气中的皮肤表面，能够使皮肤保持柔软，富有弹性，不受尘埃、气候等损害而干燥，起到防止皮肤冻伤的作用。

美容功效：

镇静消炎，清热解毒，具有良好的去红血丝修复功效。

适合肤质：

适用于红血丝肤质。

材料：

银耳50克，冰糖适量。

制作方法：

将银耳、冰糖一起倒入锅中，加适量清水熬煮成汤，滤取汤汁，冷藏后，泡入面膜纸待用。

使用方法：

洗净面部后，先将浸泡好的第一张面膜纸均匀地敷在面部，等待约10分钟后，替换上另一张面膜纸，待10分钟后，以清水彻底洁面即可。每周使用2次。

银耳

银耳性平、味甘、淡、无毒。具有润肺生津、滋阴养胃、益气安神、美容等作用。银耳中含有蛋白质、脂肪和多种氨基酸、矿物质及肝糖。银耳富有天然特性胶质，加上它的滋阴作用，长期服用可以润肤，并有去除脸部黄褐斑、雀斑的功效。银耳是一种含膳食纤维的减肥食品，它的膳食纤维可助胃肠蠕动，减少脂肪吸收。

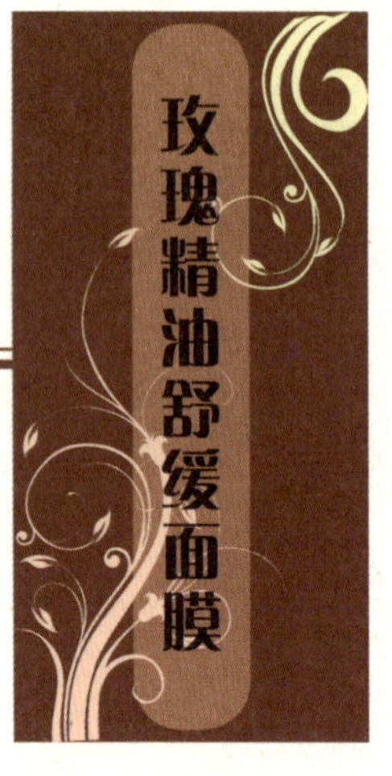

美容功效：

舒缓肌肤压力，延缓肌肤老化，对于敏感和脆弱的老化肌肤特别适用。

适合肤质：

敏感、衰老性肤质。

材料：

玫瑰精油5滴，橙花精油5滴，甘油半匙。

制作方法：

将所有材料调匀。

使用方法：

洁肤后，将调好的面膜均匀地涂于面部，再做轻微的按摩，大约15分钟后用温水洗净。每周2次。

玫瑰精油

玫瑰精油是世界上最昂贵的精油，被称为“精油之后”。能调理女性内分泌，滋养子宫，缓解痛经，改善性冷淡和更年期不适。尤其是具有很好的美容护肤作用，能以内养外、淡化色斑，促进黑色素分解，改善皮肤干燥，恢复皮肤弹性，让女性拥有白皙、充满弹性的健康肌肤，是最适宜女性保健的芳香精油。

温馨提示：

一次用完。玫瑰花是美容之王，经常服食，能使肌肤红润，焕发青春活力。

西瓜皮修复面膜

美容功效：

镇定、修复晒后肌肤，帮助肌肤恢复健康状态。

适合肤质：

各类肤质。

材料：

西瓜皮适量，蜂蜜适量，镇静化妆水适量。

制作方法：

西瓜皮去除最外的绿皮后与蜂蜜一同放入榨汁机中搅拌均匀。

使用方法：

洁肤后，先用镇静化妆水润肤，再将调好的面膜涂于面部，大约20分钟后用冷水洗净。晒后使用。

西瓜皮

西瓜皮中所含的瓜氨酸能增进大鼠肝中的尿素形成，从而具有利尿作用，可以用于治疗肾炎水肿、肝病黄疸及糖尿病。此外还有解热、促进伤口愈合以及促进人体皮肤新陈代谢的功效。

温馨提示：

最好一次用完。

夏天外出时做好防晒准备，以免肌肤晒伤后加速肌肤老化。

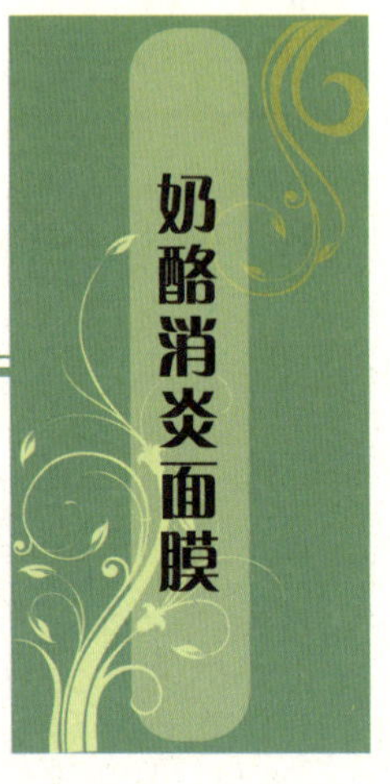

奶酪消炎面膜

美容功效:

平衡油脂，杀菌消炎，并具有安抚、镇静的作用。

适合肤质:

油性、混合性肤质。

材料:

奶酪30克，薰衣草精油2滴。

制作方法:

奶酪加热熔化后，滴入薰衣草精油，搅拌均匀即可。

使用方法:

洁肤后，将调好的面膜均匀地涂于面部，大约30分钟后用清水清洗。每周2次。

奶酪

奶酪含有丰富的蛋白质、钙、脂肪、磷和维生素等营养成分，是纯天然的食品。奶制品是食物补钙的最佳选择，奶酪正是含钙最多的奶制品，而且这些钙很容易吸收。奶酪能增进人体抵抗疾病的能力，促进代谢，增强活力，保护眼睛健康并保持肌肤健美。

温馨提示：

密封后放冰箱冷藏，大约保存5天。

此面膜适合晒后修复，能改善晒后肌肤的粗糙问题。

美白+祛斑

雀斑主要是由皮肤表皮基底层的黑色素细胞生成黑色素沉着所形成的。

生活中导致雀斑形成的其他因素

除了遗传因素外，生活中有很多因素也会导致雀斑的形成。

1. 紫外线、劣质化妆品都是促使皮肤组织下的黑细胞分解并堆积黑色素，形成雀斑的原因。

2. 体内炎症、内分泌失调、营养素缺乏、情绪波动同样也会导致雀斑出现。

3. 生活中吃过多的深色食品，如咖啡、豆豉也会导致出现雀斑。

4. 芹菜、茼蒿可导致体内积存吸收紫外线的物质，从而大大增加长雀斑的概率。

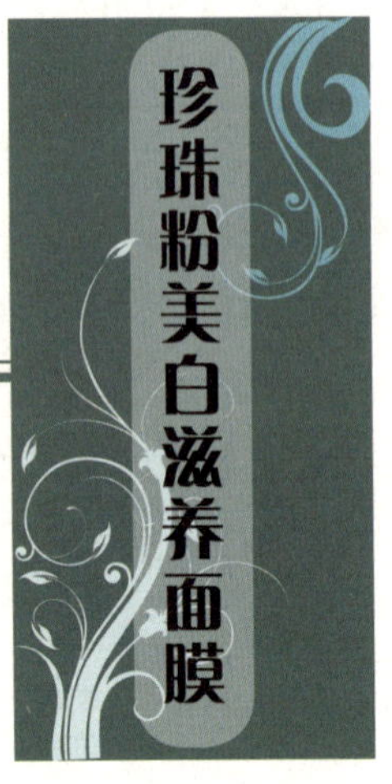

珍珠粉美白滋养面膜

美容功效：

美白营养肌肤，恢复肌肤红润光泽，使肌肤更加亮丽。

适合肤质：

油性及混合性皮肤，敏感性皮肤慎用。

材料：

珍珠粉、面粉各1匙，牛奶2匙。

制作方法：

1. 将珍珠粉和面粉一同放入空碗中；
2. 加入牛奶搅拌均匀即可。

使用方法：

洁肤后将面膜均匀地涂于面部，大约25分钟后用清水洗净。每周2~3次。

珍珠粉

珍珠粉能够祛黄褐斑、增加骨密度、增强免疫力等。可有效地让皮肤光彩亮丽。具体地说，可以去黑头、控油、祛痘、美白、除死皮，通过增强SOD的活性起到抗衰老的作用，让皮肤清爽柔滑，白皙可人。

温馨提示:

密封后放冰箱冷藏，大约可保存5天，珍珠粉特别适合油性皮肤使用。

麦片蜂蜜养颜面膜

美容功效：

防止黑色素沉着，改善肌肤暗沉，使肌肤亮丽有光泽。

适合肤质：

中性、混合性肤质。

材料：

鸡蛋1个，蜂蜜1匙，麦片1匙，盐半匙。

制作方法：

1. 蛋清、蛋黄分离，取蛋清备用；2. 将蛋清跟其余材料一同放进容器中搅拌均匀即可。

使用方法：

洁肤后，将调好的面膜均匀地涂于面部，大约20分钟后用清水洗净。每周3次。

麦片

麦片是由燕麦做成的，由于麦片食品的制作过程简单，而且省时，有的种类的麦片，只要经过水泡，就可以食用，所以受到了很多人的欢迎。尽量选购纯燕麦片作为早餐的食物来源，其蛋白质、纤维、矿物质和维生素含量都是最高的。它可以减缓肌肤因痤疮、雀斑、黑头、面疮产生的斑点。

温馨提示：

不宜保存，最好一次用完。

樱桃蛋清祛斑面膜

美容功效：

具有良好的润肤功效，同时还能帮助淡化肌肤色斑。

适合肤质：

适用于各种肤质。

材料：

樱桃数颗，鸡蛋清一份。

制作方法：

先把樱桃洗净，去蒂后捣烂，接着加入备好的蛋清，充分搅拌均匀待用。

使用方法：

清洁脸部后，取适量本面膜均匀地涂敷在脸上，静敷约15分钟后，以清水彻底洁面即可。每周使用2次。

樱桃

樱桃营养丰富，所含蛋白质、糖、钙、磷、胡萝卜素、维生素C等均比苹果、梨高，尤其含铁量高。常用樱桃汁涂擦面部及皱纹处，能使面部皮肤红润嫩白，去皱消斑。

温馨提示：

不宜保存，最好一次用完。

茯苓白芨白芷美白面膜

美容功效：

美白肌肤，令肌肤更加白皙、细腻。

适合肤质：

适用于各种肤质。

材料：

白茯苓2大匙，白芨1大匙，白芷1大匙，蜂蜜适量，牛奶少量。

制作方法：

先将中药白茯苓、白芨、白芷一起研磨成细粉，取适量与蜂蜜、牛奶一起倒入面膜碗中，充分搅拌均匀成膏状，待用。

使用方法：

用温水清洁脸部后，取适量本面膜均匀地涂敷在面部，等待约15分钟后，以清水彻底洗净面部即可。每周使用2次。

茯苓

茯苓味甘、淡，性平；归心、脾、肺、肾经；气微性和，可升可降；具有利水渗湿、健脾补中、宁心安神的功效；茯苓可使毛细血管中氧合血红蛋白释放更多的氧，供给组织细胞足够的氧，延续细胞衰老，使细胞迅速再生，滋润皮肤，增加弹性和光泽，从而起到增强青春活力和美容的作用，对皮肤粗糙、面容憔悴、皱纹早生者有一定疗效。

Love baby

美容功效：

改善肤色，活化气血、美白亮颜。

适合肤质：

适用于油性肤质。

材料：

莲子10颗，山药粉1大匙，葡萄柚1/2个，纯净水1/2杯。

制作方法：

取葡萄柚的果肉，榨取汁液，莲子磨粉，与山药粉、纯净水一同倒入面膜碗中，充分搅拌，调和成稀稠适中的糊状，待用。

使用方法：

温水清洁面部后，先用热毛巾敷脸5分钟，接着取适量本面膜均匀地涂抹在脸部与颈部上，避开眼部、唇部，等待约15分钟后，以温水彻底洗净脸部。每周使用1~2次。

莲子

莲子性甘味平，具有补脾止泻、益肾固精、养心安神等功效。莲子除含有大量淀粉外，还含有β－谷甾醇、生物碱及丰富的钙、磷、铁等矿物质和维生素。

现代药理研究证实，莲子有镇静、强心、抗衰老等多种作用。

温馨提示：

山药粉一定要用干淮山研磨的粉末，因为新鲜山药中所含的黏液，会刺激肌肤，引起过敏反应。

美容功效：

抑制黑色素的形成，具有较好的美白功效。

适合肤质：

适用于油性、混合性肤质。

材料：

苹果1/2个，绿豆粉1大匙，牛奶1大匙。

制作方法：

把苹果洗净，去皮去核，切块，榨取汁液，与绿豆粉、牛奶一同倒入面膜碗中，充分搅拌，搅匀成糊状，待用。

使用方法：

温水洁面后，取适量本面膜均匀地敷在面部及颈部上，待20分钟后，以清水彻底洗净脸部。每周使用2~3次。

苹果

苹果中含有丰富的维生素A、C、E及钾和抗氧化剂等，能够防止自由基对皮肤细胞的伤害。每天吃一个苹果对于年轻人可以抗老美容提早保养，年老者可以保护心血管免于中风，也能对抗早期的癌症。

温馨提示：

如果一次没有用完，可密封后冷藏保存3天。

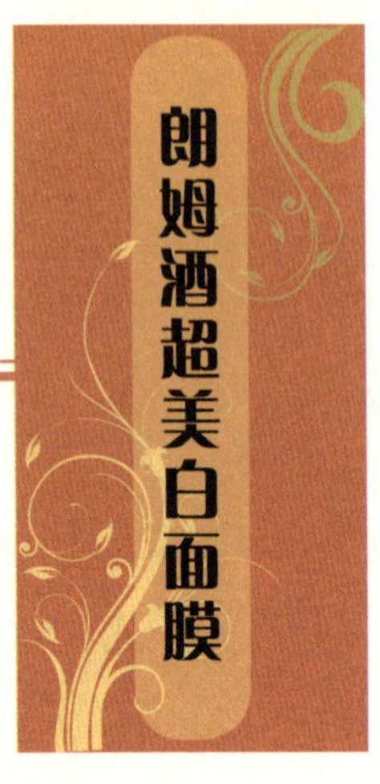

美容功效：

净化、美白肌肤。

适合肤质：

适用于各种肤质的肌肤。

材料：

朗姆酒（或其他烈酒）1匙，鸡蛋1枚，脱脂奶粉1/2匙，柠檬1个，葡萄柚1/2个。

制作方法：

将鸡蛋打散，柠檬与葡萄柚榨取汁液，与朗姆酒、脱脂奶粉一起倒入面膜碗中，充分搅拌调匀成糊状，待用。

使用方法：

清洁脸部后，先用热毛巾敷脸片刻，接着取适量本面膜均匀地涂敷在脸上，等待约20分钟后，以清水彻底清洁脸部。

朗姆酒

朗姆酒是微黄、褐色的液体，具有细致、甜润的口感，芬芳馥郁的酒精香味。朗姆酒是否陈年并不重要，主要看是不是原产地。它分清淡型和浓烈型两种风格。清淡型朗姆酒是用甘蔗糖蜜、甘蔗汁加酵母进行发酵后蒸馏，在木桶中储存多年，再勾兑配制而成。

温馨提示：

建议每周使用本款自制美白面膜2~3次。

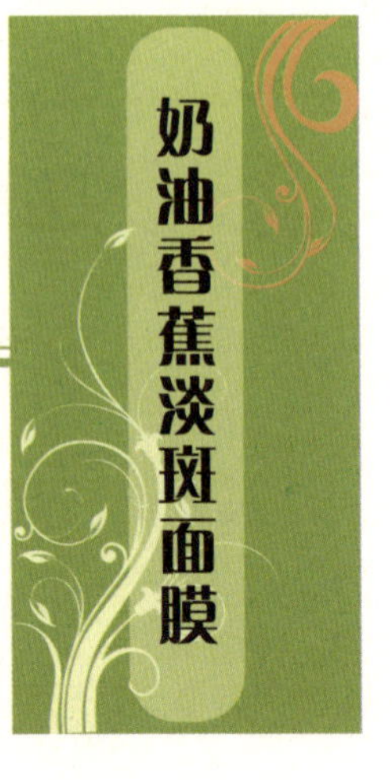

奶油香蕉淡斑面膜

美容功效：

淡化色素，亮白肌肤。

适合肤质：

适用于各种肤质，尤其是由日晒形成的色斑。

材料：

香蕉1根，奶油3小匙，浓绿茶1大匙。

制作方法：

先将香蕉剥皮，与奶油一起倒入面膜碗中捣烂混匀，接着再加入浓茶，充分搅匀待用。

使用方法：

洁面后，取适量面膜均匀地涂敷到面部肌肤上，注意避开眼部及唇部四周的肌肤，等待约15分钟后，用清水彻底洗净即可。每周使用3次，坚持用3周。

奶油

奶油的脂肪含量比牛奶多20~25倍，而其余的成分如非脂乳固体（蛋白质、乳糖）及水分都大大降低，是维生素A和维生素D含量很高的调料。

温馨提示:

建议每周使用本款面膜2~3次。

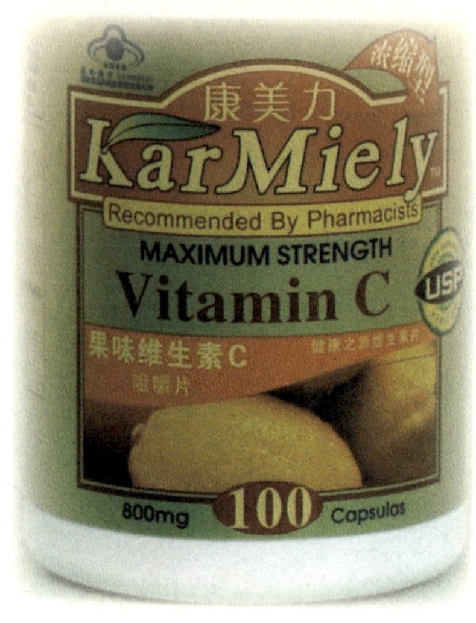

美容功效：

美白，同时也能淡化色斑。

适合肤质：

各类肌肤。

材料：

矿泉水一小碗，维生素C 100毫克。

制作方法：

把维生素C捣碎，倒入矿泉水溶解，然后把准备好的压缩面膜泡在水里面发起来就可以了。

使用方法：

洁肤后将面膜纸敷在脸上大约15分钟，用清水清洗干净。每周2次。

维生素C

维生素C的美白作用，主要是基于抗发炎作用，因为它可防止晒伤，避免过度日照后所留下的后遗症。可将维生素C粉分装于小精油瓶中，每次使用时倒出约绿豆般大小，直接调和水或化妆水使用，这样更能确保维生素C的新鲜度。

温馨提示：

清洗的时候一定要多洗几次，确保彻底清洗干净，因为维生素C可能没有完全溶化，如果残留在脸上，会使皮肤变得黄黄的，所以用完了千万别忘记洗掉。

鸡蛋柠檬美白面膜

美容功效：

淡化色斑，使肌肤白嫩有光泽。

适合肤质：

敏感肌肤除外。

材料：

柠檬1个，鸡蛋1个，小苏打适量。

制作方法：

取鲜柠檬汁12滴，少许小苏打与鸡蛋搅匀。

使用方法：

洁肤后，将面膜均匀地敷于脸上，15分钟后洗净。每周2次。

鸡蛋

鸡蛋被认为是营养丰富的食品，含有蛋白质、脂肪、卵黄素、卵磷脂、维生素和铁、钙、钾等人体所需要的矿物质。突出特点是，鸡蛋含有自然界中最优良的蛋白质。

温馨提示：

一定要注意调配的浓度，浓度如果掌握不好，皮肤相当容易过敏。

美容功效：

祛除黄褐斑、老年斑。

适合肤质：

各类肤质。

材料：

杏仁10克，鸡蛋清1份，番茄1个。

制作方法：

1.将杏仁去皮捣研成细末；2.将番茄捣成泥状；3.将蛋清跟杏仁、番茄混合搅拌均匀。

使用方法：

每晚睡前洗净脸后敷脸，翌日清晨用白酒洗去。每周2次。

杏仁

杏仁是非常好的瘦身产品。杏仁中含有最好的维生素E和膳食纤维食物源，坚持服用可以起到明显的瘦身效果，对心脏的健康也很有利，能很好地发挥抗衰老作用。杏仁含维生素B_{17}，它有抗癌作用，还可增强抗过敏能力。全脂杏仁含有49%的杏仁油，可保养皮肤，淡化色斑，使皮肤白嫩。

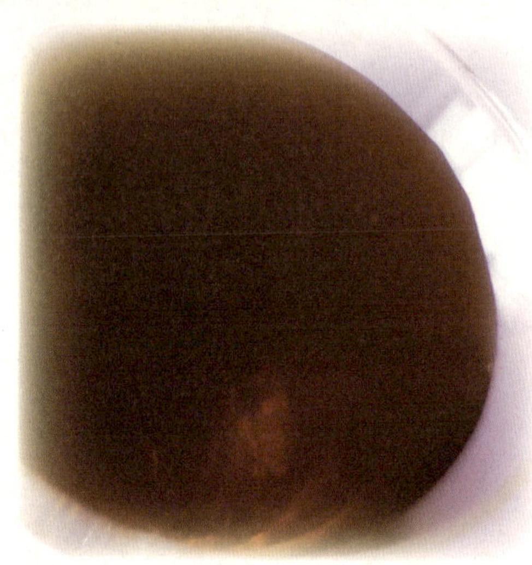

红酒淡斑养颜面膜

美容功效：

淡化色素、抗衰老，使肌肤恢复活力。

适合肤质：

各类肤质。

材料：

小麦粉50克，红酒30毫升，蜂蜜3匙。

制作方法：

将所有材料放入准备好的塑料容器中均匀搅拌成糊状。

使用方法：

洁面后，将薄薄一层面膜直接涂于脸部，20分钟后用清水洗净即可。每周3次。

红酒

红酒中含有人体维持生命活动所需的三大营养素：维生素、葡萄糖及蛋白质。红酒的美容功能源于酒中含量超高的抗氧化剂，其中的SOD能中和身体所产生的自由基，保护细胞和器官免受氧化，令肌肤恢复美白光泽。红葡萄酒提炼的SOD活性特别高，其抗氧化功能比由葡萄直接提炼要高得多。

温馨提示:

最好一次用完。

藕粉牛奶美白面膜

美容功效：

美白的同时能补充肌肤所缺水分，可使肌肤变得晶莹剔透。

适合肤质：

干性肤质。

材料：

藕粉3匙，牛奶150毫升。

制作方法：

牛奶加入藕粉，搅拌均匀即可。

使用方法：

洁肤后，将调好的面膜均匀地涂于面部，大约15分钟后用清水洗净。每周2~3次。

藕粉

藕粉的营养价值较高，含多种维生素及钙、钾、铁、锌，是一种低热量而高营养的食品，具有解热、生肌、消食解酒、止闷除烦、清心宁神、轻身益年的功效。用作面部护理能使皮肤保持洁白细腻，还能促进伤口愈合及细胞再生活力，平滑爽肤，延缓老化。

温馨提示：

最好一次用完。

牛奶最好选用脱脂牛奶。

草莓酸奶美白面膜

美容功效：

具有很好的美容效果，嫩白为首，兼具滋润功效。

适合肤质：

中性、油性及混合性。

材料：

新鲜草莓4颗，酸奶2匙。

制作方法：

1.将草莓洗净、切片、捣成泥状；2.加入酸奶调匀即可。

使用方法：

洁肤后，将面膜均匀涂于面部，敷上面膜纸，大约15~20分钟后用清水洗净。每周2~4次。

草莓

草莓鲜美红嫩，果肉多汁，酸甜可口，香味浓郁，是水果中难得的色、香、味俱佳者，因此被人们誉为“果中皇后”。草莓中所含的胡萝卜素是合成维生素A的重要物质，具有明目养肝的作用；草莓汁有滋润营养皮肤的功效，用它制成各种高级美容霜，对减缓皮肤皱纹有显著效果。

温馨提示：

最好一次用完。

草莓可增强皮肤弹性，防止皮肤干燥，使面部皮肤柔嫩细滑。

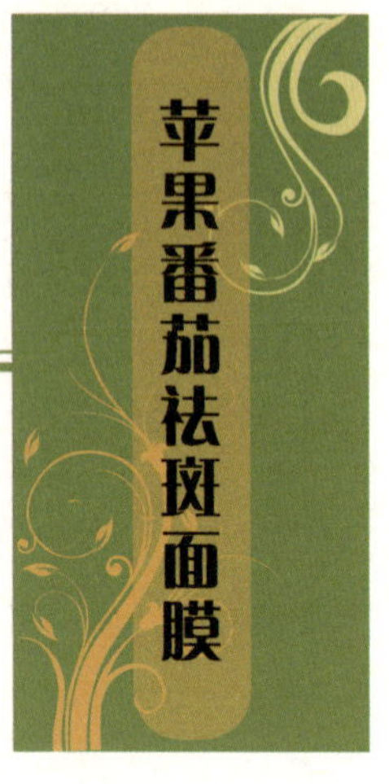

美容功效：

这两种面膜因富含维生素C，可抑制黑色素的合成，能祛除面部黄褐斑和雀斑，并对皮肤起到增白的作用。

适合肤质：

各类肤质。

材料：

苹果1个，番茄1个，淀粉5克。

制作使用方法：

1.将苹果去皮，捣成果泥，敷于脸部，称为苹果面膜。每日1次，20分钟后用清水洗净。2.将鲜番茄捣烂，调入少许淀粉增加黏性，敷于面部，称为番茄面膜。每日1次，20分钟后用清水洗去。

苹果

苹果中含有丰富的维生素A、C、E及钾和抗氧化剂等，能够防止自由基对皮肤细胞的伤害。每天吃一个苹果对于年轻人可以抗衰老、美容保养，年老者可以保护心血管免于中风，也能对抗早期的癌症。

温馨提示：

最好一次用完。

美容功效：

本面膜性质温和，具有良好的祛斑功效。

适合肤质：

适用于各种肤质。

材料：

番茄1个，山药粉1大匙，纯净水适量。

制作方法：

把番茄洗净，去蒂，捣烂成番茄泥，与山药粉、纯净水一起倒入碗中，调和均匀成糊状，待用。

使用方法：

洗脸后，取适量本面膜均匀地涂敷在面部，等待约15分钟后，以清水彻底清洁脸部，即可。每周使用3次。

山药

在许多抗衰老方剂中常配伍山药应用，山药中含有大量的黏液蛋白、维生素及微量元素，有润滑、滋润的作用。本面膜已在日韩广为流传。它性质温和，是一种具有祛斑兼美白双重功效的抗皮肤老化面膜，相当适合25岁以上的女性使用。

温馨提示：

山药粉可以在中药房购买到，番茄一定要成熟新鲜的喔！

美容功效：

除皱，淡化色斑，使肌肤白嫩有光泽。

适合肤质：

各类肤质。

材料：

核桃粉20克，鸡蛋1个，蜂蜜1匙，珍珠粉2克，牛奶20毫升。

制作方法：

1. 分离蛋清、蛋黄，取蛋清备用；2. 将珍珠粉、核桃粉加入蛋清中搅拌均匀；3. 最后加入牛奶和蜂蜜，搅拌均匀。

使用方法：

洁肤后，将调好的面膜均匀地涂于面部，大约20分钟后用清水洗净。每周3次。

核桃

核桃性温、味甘、无毒，有健胃、补血、润肺、养神等功效。吃核桃仁可以开胃，通润血脉，使骨肉细腻。核桃营养丰富含蛋白质、脂肪、碳水化合物、膳食纤维、胡萝卜素、维生素E、钾、钙、磷、铁、锌等，不但可以润肤，还有防治头发过早变白和脱落的效果。更重要的是核桃能延缓脑神经的衰老，对脑神经补益最大，是益智、健脑、强身的佳品。

温馨提示：

密封后放冰箱冷藏，大约保存5天，最好临睡前使用。

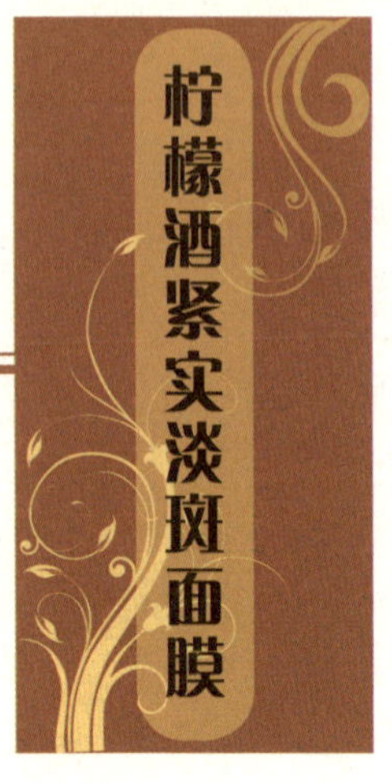

柠檬酒紧实淡斑面膜

美容功效：

美白、淡斑、紧实肌肤。

适合肤质：

中性、油性、混合性肤质。

材料：

柠檬半个，鸡蛋1个，奶粉2匙，白酒1匙。

制作方法：

1. 蛋黄、蛋清分离，取蛋黄；2. 柠檬去皮、切块榨汁后稀释；3. 将白酒、奶粉加入柠檬汁中搅拌均匀。

使用方法：

洁肤后，将调好的面膜均匀地涂于面部，大约15分钟后用清水洗净。每周1~2次。

柠檬

柠檬是世界上最有药用价值的水果之一，它富含维生素C、柠檬酸、苹果酸、高量钾元素和低量钠元素等，对人体十分有益。鲜柠檬维生素含量极为丰富，是美容的天然佳品，能防止和消除皮肤色素沉着，具有美白作用。此外，柠檬生食还具有良好的安胎止呕作用。因此柠檬是适合女性的水果。

温馨提示：

最好一次用完。

此款面膜敏感性肤质禁用。

抗衰老

衰老性肌肤分析

角质层：

1.皮脂膜保护和护水功能下降，肌肤开始变得干燥、粗糙；

2.肌肤的角质堆积，使皮肤增厚、变硬，失去光泽。

基础层：

1.出现老年斑或色素分布不均；

2.皮肤变薄，使外来物质易侵入，进而诱发过敏现象。

真皮层：

1.皮肤松弛，弹性下降，支撑性变差，出现衰老和皱纹；

2.真皮层的一些改变会导致皮肤干燥，从而加深皱纹。

衰老性肌肤的特征

1. 皱纹增加。
2. 出现黑斑、老年斑。
3. 皮肤开始松弛、下垂。
4. 眼睑、额部、耳部有皮肤下垂，出现眼袋。
5. 出现大量红斑、白斑。
6. 颈部皱纹增长，肤色变黄，毛发减少。
7. 皮肤角质化，出现真性皱纹或假性皱纹。

衰老皮肤的老化原因

1. 环境因素：紫外线照射、空气污染等原因。
2. 保养不当：用过热的水清洁脸部；化妆品选用不当。
3. 不良习惯：皱眉、挤眉弄眼、表情丰富等。
4. 精神因素：情绪紧张，容易发怒。
5. 食物因素：长期营养不良，抽烟等不良习惯。
6. 慢性疾病：生活不稳定也会造成皮肤衰老。

衰老性皮肤的家居护理程序和要点

一、 护理程序

日：洗面乳——保湿美白水——保湿除皱乳液——保湿除皱营养霜、眼霜、唇霜——隔离霜

夜：清洁霜和洗面乳——保湿美白水——保湿除皱乳液——保湿除皱营养霜、眼霜、唇霜——隔离霜

二、护理要点：

1. 衰老性皮肤日常护理洗脸时可冷热水交替进行，以增加肌肤血液循环。
2. 避免外界因素（风、霜、雪、紫外线）对皮肤的直接伤害。
3. 不用不适合自己皮肤或质量低劣的化妆品。
4. 饮食营养均衡，不偏食、偏嗜。干性皮肤应增加蛋白质、维生素、油类食品等物质的摄入。
5. 生活有规律，保持充足的睡眠，并适当进行体育锻炼，劳逸结合，不抽烟酗酒。
6. 可以定期到美容院进行皮肤护理。

龙眼杏仁抗老面膜

美容功效：

抵抗肌肤衰老，令面色红润。

适合肤质：

适用于干性及老化肤质。

材料：

杏仁粉45克，龙眼肉40克，蜂蜜100克。

制作方法：

把龙眼肉放入搅拌器中，搅拌成泥，与杏仁粉、蜂蜜一同倒入面膜碗中，充分搅拌，调和均匀成糊状，待用。

使用方法：

温水清洁脸部后，先用热毛巾敷面数分钟，接着取适量本面膜均匀地涂抹在脸部与颈部，静敷约15分钟后，以温水彻底洁面。每周2次。

龙眼

龙眼有壮阳益气、补益心脾、养血安神、润肤美容等多种功效，可治疗贫血、心悸、失眠、健忘、神经衰弱及病后、产后身体虚弱等症。现代医学实践证明，它还有美容、延年益寿之功效。

温馨提示：

密封后，在冰箱中冷藏保存，一周内用完。

美容功效：

滋润肌肤，延缓衰老，淡化细纹。

适合肤质：

适用于各种肤质，敏感性肌肤应慎用。

材料：

甜橙1个，维生素E胶囊1粒，面粉3小匙。

制作方法：

先将橙子洗净，切块后放入果汁机中榨取汁液，接着剪开维生素E胶囊，挤出药液，与面粉一起倒入干净面膜碗中，搅拌均匀，待用。

使用方法：

洗净面部后，取适量面膜均匀地涂敷在面部，静待20分钟后，用清水彻底洗净面部即可。每周使用2次。

橙子

对于皮肤容易晒黑的人来说，橙子里的矿物质“硒”是抗氧化美肤的关键物质。橙子所含的维生素A，可使皮肤保湿，并消除疲劳；在美肤的同时还可提高皮肤毛细血管的抵抗力，达到紧致肌肤的目的。

温馨提示：

密封后，在冰箱中冷藏保存，一周内用完。

美容功效：

嫩白肌肤，改善肌肤暗沉，加强肌肤抗氧化能力。

适合肤质：

各类肤质。

材料：

豆腐1小块，酵母粉2匙，橄榄油半匙。

制作方法：

豆腐捣碎后加入酵母粉搅拌均匀即可。

使用方法：

洁肤后，将面膜均匀地涂于面部，大约20分钟后用清水洗净。每周2~3次。

酵母粉

酵母含有丰富的蛋白质、B族维生素、18种氨基酸、脂肪、糖、酶等多种营养成分，酵母的有效成分约50种，是含维生素B群最丰富的天然食品，且含有人体无法自行合成的必需氨基酸、丰富的矿物质、核酸和多种酵素，被营养学界誉为最有魅力的营养品。能增强体力，是提供人体健康活力的强力食品，也是素食者最佳的植物性蛋白补充品。

温馨提示：

密封后放冰箱冷藏，可保存5天，直接将豆腐捣碎敷脸上也可起到美白的作用。

美容功效：

温和去角质，防止肌肤老化，令肌肤红润滑嫩有光泽。

适合肤质：

除敏感性肤质外都适用。

材料：

木瓜小半个，柠檬汁1匙。

制作方法：

1. 木瓜去皮、去籽后放容器中捣成泥状；2. 柠檬汁加水稀释后加入木瓜泥中，搅拌均匀即可。

使用方法：

洁肤后，将调好的面膜均匀地涂于面部，大约20分钟后用清水洗净。每周2次。

木瓜

木瓜富含17种以上氨基酸及钙、铁等，还含有木瓜蛋白酶、番木瓜碱等，其维生素C的含量很高。木瓜性温，不寒不燥，其中的营养容易被皮肤直接吸收，特别是可发挥润肺的功能。当肺部得到适当的滋润后，就能更好地行气活血，使身体更易吸收充足的营养，从而让皮肤变得光洁、柔嫩、细腻，皱纹减少、面色红润。

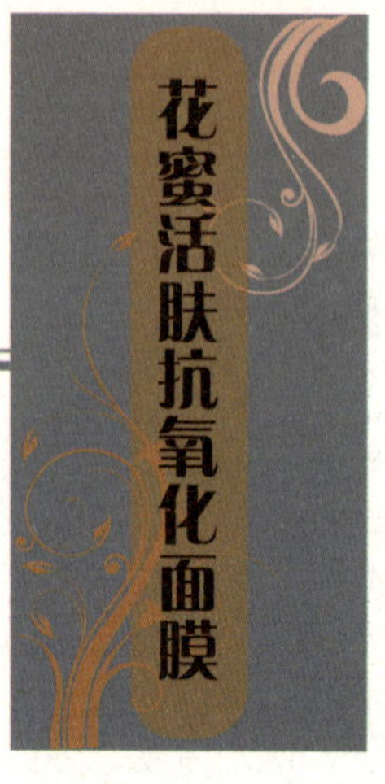

美容功效：

能活化细胞并能深层保湿，同时具有显著的活肤和抗氧化功效。

适合肤质：

各类肤质。

材料：

花蜜100克，鸡蛋1个，橄榄油1匙。

制作方法：

1.将鸡蛋和花蜜一同放入容器中搅拌均匀；2.加入橄榄油调匀；3.将调好的面膜放入冰箱内冷藏半小时再使用。

使用方法：

洁肤后，将面膜均匀地涂于面部，并加以轻柔的按摩，辅助肌肤吸收，大约15分钟后用清水洗净。每周3次。

花蜜

花蜜能够调理肠胃，养气润肺，美容养颜，嫩白肌肤，安神镇痛，活络止血，抗衰消疲，延年益寿。花蜜能改善血液的成分，促进心脑和血管功能。因此经常服用对于心血管病人很有好处；另外它对肝脏有保护作用，能促使肝细胞再生，对脂肪肝的形成有一定的抑制作用。

不宜保存，最好一次用完。

也可在面膜中加入自己喜欢的香水，美肤同时也能令人心情愉快。

美容功效：

增强肌肤弹性，使肌肤光滑细嫩，能有效去除和预防皱纹生成。

适合肤质：

各类肤质。

材料：

咖啡粉10克，鸡蛋1个，蜂蜜1匙，面粉适量。

制作方法：

1. 蛋清、蛋黄分离，取蛋黄备用；2. 将蛋黄与其余材料一同搅拌均匀即可。

使用方法：

洁肤后，将调好的面膜均匀地涂抹面部，并加以轻柔的按摩，大约15分钟后用清水洗净。每周3次。

咖啡

咖啡对皮肤有很大的益处，它可以促进代谢机能，活络消化器官，使用咖啡粉洗澡是一种温热疗法，有减肥的作用。咖啡具有解酒的功能，可以消除疲劳，还具有抗氧化及护心、强筋骨、利腰膝、开胃促食、消脂消积、利窍除湿、活血化淤、息风止痉等作用。常喝咖啡还可预防胆结石、防止放射线伤害，对情绪也具有一定的影响力。

温馨提示：

密封后放冰箱冷藏，大约可保存7天。此款面膜特别适合干性、老化肤质。

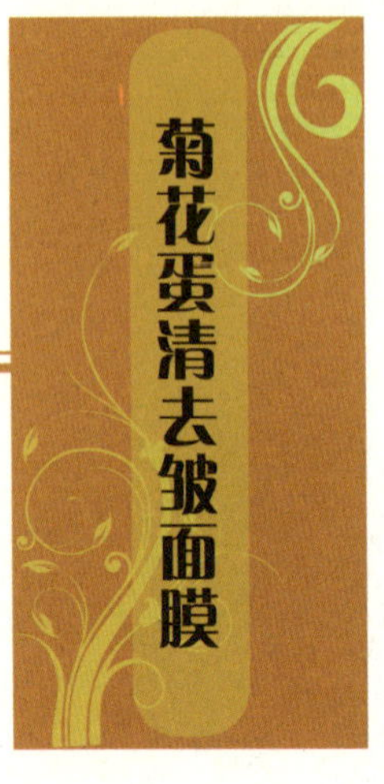

菊花蛋清去皱面膜

美容功效：

促进肌肤新陈代谢，防止肌肤松弛、出现皱纹，同时滋润肌肤，令肌肤光滑细腻。

适合肤质：

油性及混合性肤质。

材料：

珍珠粉1克，鸡蛋1个，干菊花5克。

制作方法：

1. 蛋黄、蛋清分离，取蛋清备用；2. 干菊花磨成粉末后与珍珠粉一同加入到蛋清中，搅拌均匀即可。

使用方法：

洁肤后，将面膜均匀地涂于面部，大约20分钟后用清水洗净。每周2次。

干菊花

干菊花性微寒，味苦、辛，清热解毒。用于疔疮痈肿、目赤肿痛、头痛眩晕。具有帮助睡眠、润泽肌肤的功效,也可改善女性经前不适。

温馨提示：

最好一次性用完。

美容功效：

能深层清洁皮肤内的污垢，具有高效抗氧化、减轻细纹、延缓肌肤衰老的功效。

适合肤质：

各类肤质。

材料：

酸奶2匙，维生素E胶囊2粒，蜂蜜半匙，柠檬小半个。

制作方法：

1. 柠檬去皮榨汁；2. 将维生素E中的药液倒入容器中，再依次加入柠檬汁、蜂蜜、酸奶后搅拌均匀即可。

使用方法：

洁肤后，将调好的面膜均匀地涂于面部，再敷上面膜纸，大约15分钟后用清水洗净。每周2~3次。

维生素E

维生素E是一种溶脂性维生素，是最主要的抗氧化剂之一。维生素E能有效清除体内的自由基，保护细胞膜、皮肤、血管、心脏、眼睛、肝脏及乳房等组织，维生素E具有全面、高效的抗氧化作用，能保护细胞膜上的多不饱和脂肪酸免受自由基的攻击，维持细胞膜的完整性，维生素E还能减慢动物成熟后蛋白质分解代谢的速度。

温馨提示：

最好一次用完。

丝瓜抗衰老面膜

美容功效：

促进肌肤新陈代谢，有效滋润肌肤，抗皱能力强。

适合肤质：

敏感性、油性、混合性肤质。

材料：

丝瓜1根，奶粉2匙，杏仁油半匙。

制作方法：

丝瓜洗净榨汁，再加入奶粉和杏仁油搅拌均匀即可。

使用方法：

洁肤后，将面膜均匀地涂于面部，大约20分钟后用清水洗净。每周2次。

丝瓜

丝瓜是增白、去皱的天然美容品，长期食用丝瓜或用丝瓜汁擦脸，可以让肌肤柔嫩、光滑，并可预防和消除痤疮和黑色素沉着。丝瓜中含防止皮肤老化的维生素B_1、皮肤增白的维生素C等成分，能保护皮肤、消除斑块，使皮肤洁白、细嫩，是不可多得的美容佳品，故丝瓜汁有“美人水”之称。

温馨提示：

最好一次用完。

美容功效：

滋养保湿，有效改善皮肤干燥、粗糙和暗哑等问题。

适合肤质：

中性、干性、混合性肤质。

材料：

橄榄油2匙，蜂蜜1匙，面粉适量。

制作方法：

1.将橄榄油和蜂蜜调匀；2.将面粉加入上述材料中，搅拌均匀即可。

使用方法：

洁面后用热毛巾敷面，然后将面膜均匀涂于面部，大约20分钟后用清水洗净。每周2~3次。

橄榄油

橄榄油含有丰富的不饱和脂肪酸及多种维生素，极易被皮肤吸收，滋润营养肌肤，使皮肤光泽细腻而富有弹性。橄榄油能促进血液循环和肌肤新陈代谢，还可以减肥，减少皱纹，延缓衰老，是极佳的美容保养品。

糯米土豆嫩滑紧致面膜

美容功效：

使肌肤光滑水嫩，并可收紧松弛的皮肤，使肌肤更紧致细腻。

适合肤质：

干性肤质。

材料：

糯米50克，土豆1个，蜂蜜1匙，纯净水100毫升。

制作方法：

1.土豆洗净去皮，和糯米一同放锅中蒸至软烂；2.将所有材料一起放入搅拌机中搅拌均匀，放凉再用。

使用方法：

洁肤后，将搅拌好的面膜均匀地涂于面部，大约15分钟后用清水洗净。每周2次。

糯米

糯米粉面膜有美白祛斑的功效，可直接用水调成糊状，也可用牛奶、蛋清、蜂蜜等调成糊状，敷面20分钟洗净拍上化妆水即可。

温馨提示:

不宜保存，最好一次用完。

土豆要用新鲜的，发芽土豆中的有害物质会伤害皮肤，所以一定不能用。